外連《けれん》の島・沖縄
基地と補助金のタブー

篠原章
Shinohara Akira

飛鳥新社

外連《けれん》の島・沖縄
基地と補助金のタブー　目次

第3章 基地移設の矛盾と欺瞞《ぎまん》

第4章 行政処分の応酬と法廷闘争

第7章 基地負担の見返り＝振興予算が沖縄をダメにする……203

第1章　「外連《けれん》」の島・沖縄——愛と憎しみの狂詩曲《ラプソディー》

「ヤマトは沖縄のために何をしてくれるのか」

初めて沖縄を訪れたのは1980年3月末のことでした。沖縄にそれほど興味があったわけではありません。親しい友人の企画した、たんなる観光旅行でした。沖縄本島経由で八重山諸島竹富島に一週間ほど滞在し、碧い海と青い空を満喫しました。

再び沖縄との縁ができたのは1990年のことでした。音楽などのポップカルチャーに強く惹かれ、『ハイサイ沖縄読本――超観光のためのトラベルガイド』(JICC出版局＝現宝島社)を著しました。「戦跡の島」でも「米軍基地の島」でもない、かといって「リゾート・アイランド」でもない「ポップで楽しい沖縄」という沖縄観を提示しました。劇作家で演出家の宮本亜門氏やミュージシャンのどんと氏など、同書をきっかけに沖縄に移住する人たちが続々と現れました。1975年に行なわれた、沖縄海洋博覧会直後のブーム以来の「沖縄ブーム」が到来したのです。

ところが、沖縄と私との「蜜月」はそう長くは続きませんでした。「ポップで楽しい沖縄」とばかりいっていられない空気が生まれたのです。

１９９５年に少女暴行事件が起こると沖縄は騒然としました。大田昌秀《おおたまさひで》知事を始め、沖縄のほぼすべての政治家が「基地反対」「基地縮小」を大きな声で唱え、事態を深刻に受けとめた日米両政府は対応策を練りました。おかげで、それまで政治的なテーマを意識的に避けていた私ですが、そうはいかなくなってしまったのです。「ポップで楽しい沖縄」はどこかに吹き飛んでしまいました。

１９９６年4月12日、当時の橋本龍太郎首相とウォルター・モンデール駐日米大使が共同記者会見し、基地機能の県内移設を条件とした普天間飛行場返還を発表しました。長年の沖縄基地反対運動の歴史的勝利でした。私は沖縄に飛んで、関係者に取材しました。ところが、沖縄の人びとの反応は意外なものばかりでした。

「はっきりいってありがた迷惑だ」（沖縄本島中部の首長）

「都市計画を見直さなければならない。大変な作業だ」（自治体職員）

「返還で国の補助金が減ったら、沖縄経済は立ちゆかなくなる」（企業経営者）

「返ってこないはずの基地が返ってきて拍子抜けだ。これで反対運動は低迷する」（平和運動家）

返還を喜ぶ人はほとんどおらず、多くの人びとが戸惑いを隠しませんでした。

沖縄戦後、県民の声を受けて、普天間飛行場のような大規模な米軍施設が動いたことはありませんでした。普天間飛行場返還の決定はまさに画期的・歴史的な出来事でした。基地返還は沖縄の悲願だったのです。が、その悲願が、条件付きとはいえ実現することになったのに、歓迎する人が見あたりません。いったい何が起こったのでしょうか。

沖縄の知人は、「たしかに基地は縮小されるが、普天間飛行場は県外ではなく県内に移設される。皆、そのことに怒っているんだよ」と解説してくれました。それはそれでもっともなのですが、どうにも釈然としません。私の見るかぎり、沖縄の人びとは、条件付き返還に怒っているというより、戸惑っているとしか思えなかったからです。

ほどなくして、その「戸惑い」は「基地反対」へと変わりました。「普天間飛行場の県内移設反対」の声が俄《にわか》に大きくなると、沖縄はある意味で「活気づいた」のです。大田知事や県選出国会議員は、「県内移設は沖縄の心を踏みにじるものだ」と繰り返し、橋本内閣に厳しく対峙しただけではなく、「沖縄独立」まで口にするようになりました。私は「日米同盟に翻弄《ほんろう》される沖縄」というイメージを頭に描きながら、「沖縄の人びとは、本気で日本から離れたがっているのかもしれない」と考えました。そこで「日本のシステム問う沖縄の〈独立〉構想」という論考を朝日新聞に寄稿しました（1996年10月8日夕刊）。

１９９７年６月23日、沖縄の終戦記念日に当たる「慰霊の日」のことでした。私は、沖縄独立研究会・命《ぬち》どぅネットワーク・東京沖縄県人会青年部などの団体が共催する「沖縄戦から独立まで　思いきりユンタクライブ」というトークライブに参加しました（於・新宿ロフトプラスワン）。朝日新聞の論考を読んだコーディネーターの宮里護佐丸《みやざとごさまる》氏（沖縄独立研究会）によって、パネリストとして招かれたのです。

そこで私は、大田知事が策定した『二十一世紀・沖縄のグランドデザイン』（１９９６年４月）という沖縄の将来構想に触れながら、大田知事は「沖縄独立」をも視野に入れた政策体系を考案したが、プランに具体性はなく、また沖縄経済には独立に耐えうる力はない、といったことを詳しく話しました。当時の私の政治的な立場は、どちらかといえば「独立には共感する」というものでしたが、沖縄出身者または沖縄にルーツのある人たちを中心とした聴衆から、猛烈な反発を受けました。

質問者「沖縄はさっさと独立して日本と訣別《けつべつ》すべきじゃないかと考えますが、あなたはどう考えますか？」

篠原「沖縄経済の約３割は、日本政府から支出される補助金などによって構成されています。つまり、現状では補助金なくしては成り立たない経済ということです。もちろん、こうした補助金は米軍基地の代償として日本政府から支出されていると考えて間違いないでしょう。今もし独立が政治的に可能になったとしても、この補助金経済という実態を考えれば、沖縄経済はたちまち立ちゆかなくなります。経済という足腰をもっともっと鍛えてからでなければ、独立は具体化できないと思います」

質問者「沖縄には観光がある。経済的にはあまり問題ないんじゃないか」

篠原「観光に過度の期待をするのは危険だと思います。運賃体系の問題や空港やホテルのキャパシティといった制約もありますから、観光客が増えるとしても限度はあります。それにハワイや東南アジアといった競争相手も侮《あなど》れません。他の産業を育成することも考えないと、独立を語るのは難しいと思います」

聴衆A「経済というかカネの話ばかりして、あんたは〈沖縄の心〉をわかってない！」

聴衆B「おまえは沖縄の味方なのか敵なのか。いったいどっちなんだ！」

篠原「お金のことだけを語っているつもりはありません。敵味方という問題でもありません。独立が現実に可能かどうか、経済的な観点も含めて客観的に見ているだけです。それに、沖縄戦やベトナム戦争を知らない世代も増えています。メディアの影響もあるから、彼らは沖縄人である以前に自分は日本人だと思っているんじゃないですか。独立と聞いてすぐにピンと来る人は多くはないと思います」

聴衆B「今までヤマトーンチュが沖縄にしてきたことを考えろ。おまえはいったい沖縄のために何をしてくれるというんだ！」

篠原「沖縄のために何かをしてあげるなんて不遜《ふそん》なことは考えたことはないですよ。そういう言い方が沖縄をダメにするんです。大事なのは沖縄の人たちが主体的にどう考え、自発的にどう行動するかであって、私のような人間が沖縄のために何かをしてあげることじゃないでしょう。そんなことを期待されても困りますね」

聴衆B「おまえたちのそういう姿勢が沖縄をダメにしてきたんだ！」

篠原「同じ言葉をそっくりお返ししますよ」

　激しい言葉のやり取りがありましたが、このイベントのコーディネーターの宮里氏が、「いずれにせよ、沖縄の独立は心だけでは勝ち取れないということがわかったと思います。われわれはもっと経済のことも勉強しなければいけません」という言葉で事態を引き取るまで、会場内はかなり騒然とした雰囲気に包まれていました。

この時の経験は、私にとってかなりしんどいものとなりました。それまでほぼふた月に一度は通っていた沖縄に、一年近く足が向かなかったほどです。見も知らぬ聴衆に「おまえ」呼ばわりされ、罵声を浴びせられたこともショックでしたが、いちばんしんどかったのは「おまえは〈沖縄の心〉を踏みにじっている」といわれたことでした。「〈沖縄の心〉っていったいなんなんだ?」と疑う一方で、自分はひょっとしたら〈沖縄の心〉を踏みにじっているかもしれない、という思いからしばらく逃れられなくなりました。

が、司馬遼太郎の次のような言葉が救いとなって、心の重荷がいくらか軽くなりました。

——島津の琉球侵略後、また明治の琉球処分(廃藩置県)後、日本とくっついていて、ろくなことがなかった。

とも、その論者はいう。

明治後、「日本」になってろくなことがなかったという論旨を進めてゆくと、じつは大阪人も東京人も、佐渡人も、長崎人も広島人もおなじになってしまう。ここ数年そのことを考えてみたが、圧倒的におなじになり、日本における近代国家とは何かという単一の問題になってしまうように思える。

（司馬遼太郎『街道をゆく６　沖縄・先島への道』朝日文庫）

近代国家としての日本が集権的な体制を構築し、それを維持するために日本中の人々が犠牲を払ってきました。沖縄だけではなく、広島も長崎も、東京も大阪も、東北も九州も、「日本という国」が近現代に生き残るための踏み台になってきたのです。その意味で、沖縄だけが特別なのではありません。たしかに沖縄戦の経験や米軍基地の存在を考えれば、沖縄の負担は過剰でしょう。日本の近現代史や安全保障システムを正面から問い直さない限り、根本的な解決の契機は訪れません。それはとても大きなテーマです。

もう一つ気になったのは、「おまえはいったい沖縄のために何をしてくれるというんだ」という言葉でした。率直にいって、このトークライブの時まで、沖縄に奉仕するとか貢献するとかいった視点から沖縄に接したことは一度もありませんでした。ところが、「沖縄のために奉仕しろ、貢献しろ」という人がいる。大きなショックでした。発言者は「沖縄のために尽くします」という私の答えを期待していたのかもしれませんが、そのように答えることには躊躇《ちゅうちょ》しました。なぜなら、それは卑屈かつ不遜《ふそん》な言葉だと感じたからです。しかも、発言者の姿勢には〝お前らヤマトーンチュが頑張らないから俺たちウチナーンチュが苦しんでいる〟といった「他力本願」が少なからず見え隠れしていました。基地問題ならまだしも、ここで話題になっていたのは経済問題なのです。

私はムッとして反論してしまいましたが、直後に「言い過ぎたかもしれない」と反省もしました。

ところが、その後も基地問題をめぐって沖縄の人たちと議論をすると、ほぼ同様の言葉に出くわしました。「ヤマトは沖縄のために〜すべきだ」「ヤマトーンチュは沖縄のために〜してくれない」という言葉が、まるで慣用句のごとく跳ね返ってくるのです。「基地反対」であるか「基地容認」であるかを問わず、本土に対して「受け身」の姿勢で語る多数の人たちの存在には、少なからぬ疑問を感じましたが、私は「沖縄は本土にもっと愛されたい、大事にされたいのに、期待通りに愛してくれない、大事にしてくれない。それどころか鞭打《むちう》たれている」といいたいのではないか、と思うようになりました。「沖縄の心」はしばしば「平和を愛する心」だと説明されますが、私にはそうは思えず、「愛されたい心」こそ「沖縄の心」なのだと確信しました。

「沖縄の心」に政治が応えると、さらに優遇を要求される

私に限らず、本土にも、「沖縄の心とは、沖縄を愛してくれという悲痛な思いだ」ということを理解する人たちはたくさんいました。沖縄への理解は、「沖縄戦や米軍統治で悲惨な体験をした沖縄の人びとを、もっと尊重しなければいけない」という贖罪《しょくざい》意識のかたちで表されました。

こうした贖罪意識を背景に、中央の政治家は保革両陣営とも「沖縄の人びとの求めるように基地負担を少しでも減らさなければいけない」と口を揃えました。左派からは「不十分だ」と批判されましたが、普天間基地の辺野古移設などを打ち出したＳＡＣＯ（沖縄に関する特別行動委員会）最終報告に基づいた基地縮小計画は、当時の自民党政権にとって精一杯の提案でした（その不十分な縮小計画さえ、地元の利害調整や反対運動などのため遅々として進まないのが実態です）。

本土に比べて遅れていた沖縄のインフラを整備するため、１９７２年の復帰と同時に設けられた沖縄振興予算は、１９９０年代にはもはや「基地負担の代償」という性格を強め

ていましたが、その金額の多寡・増減が「沖縄への愛」の最大の表現だと、本土の政治家も沖縄の政治家も考えるようになっていました。

表向きは平和を願う心、その実、愛されたい心を意味する「沖縄の心」を前面に出した沖縄からの政府批判、本土批判が強まれば強まるほど、本土の政治家やメディアは、沖縄に「寄り添う」姿勢をいっそう強めました。大田知事の時代には、橋本龍太郎首相が4700億円を超える空前の沖縄振興予算（1998年度）を組んで「沖縄の心」に応えました。続く稲嶺恵一《いなみねけいいち》知事の時代には小渕恵三首相によって、辺野古移設と引き換えに「北部振興策」という補助金が特設され、さらに2000年開催のサミット会場として沖縄が選ばれました。その間、日本の経済や財政は停滞していましたが、財政的な「沖縄の特別扱い」は聖域化しました。

もちろん、私たちが関与した1990年代の沖縄ブームも、政治主導の「沖縄への愛」を支えました。沖縄ブームは、2000年のNHK朝ドラ「ちゅらさん」で一つのピークを迎え、その後の観光客800万人時代に先鞭を付けただけでなく、後述する航空機燃料税などの大幅減税措置を生みだしました。辺野古移設反対運動など基地反対運動に、本土から多数の活動家が参加するようになった背景にも、「沖縄ブーム」や「沖縄への愛」が作用していたと思います。

こうして、１９９０年代後半以降、私たちは皆、沖縄を愛し、「沖縄の心」に応えてきたつもりでした。ところが、基地縮小は一向に進みませんでした。政府は自らの基地縮小計画の目玉となっていた普天間飛行場の辺野古移設を進めようとしましたが、沖縄は、政府の移設計画ではダメだという立場を取りました。事態は膠着《こうちゃく》し、基地縮小は停滞しました。

客観的に見れば、基地縮小が進まなかった責任は、事態を膠着させた政府と沖縄の両者にありますが、沖縄でも本土でも「政府は沖縄の民意を無視して辺野古移設を強行しようとしている」という論調がとくに目立つようになりました。

普天間飛行場の移設先である辺野古は名護市にあります。名護市の歴代市長（稲嶺進・現市長を除く）は、基本的に移設容認の立場を表明してきましたが、１９９７年に実施された名護市の住民投票では、移設反対派が容認派を上回りました。私たちは、この住民投票の結果が辺野古移設を阻む最大の障害だと考えがちですが、地元では、地元業者間の利害の対立が最大の障害となっていました。防衛庁、米軍、本土のゼネコンをも巻き込んだこの対立の調整に、なんと10年以上の歳月を要したのです。調整の結果、移設計画は名護市の側から示された大浦湾埋め立てを伴うものに落ち着きました。現行計画は、事実上政府案でなく名護市案なのです。この事実だけとっても、「政府による辺野古移設の強行」という構図とは、まるで異なる断面が見えてきます。

たしかに辺野古移設には問題があります。アメリカで在沖海兵隊の一部移転が議論される中、総額で5000億円以上の税金が投入されるこの移設事業に、金額に見合うだけの「価値」があるかどうかも不明です。もちろん、手つかずの海を埋め立てるのも忍びないことです。が、そもそも移設計画は、沖縄内部の利害調整の結果合意された、地元の提案が土台になっています。政府は地元の意向を尊重したにすぎなかった、ともいえます。政府からすれば、辺野古移設は「沖縄に対する譲歩の産物」あるいは「沖縄に対する愛情表現」といっても差し支えないものだったのです。

ところが、利害調整に10年以上を費やした辺野古移設を具体化しようとした途端、例の「鳩山発言」が飛び出してしまいました。「沖縄への偏愛」に目が曇った民主党の鳩山由紀夫氏が、長年の対立と調整の末にやっと合意に至った、辺野古移設の経緯を理解しないまま、迂闊《うかつ》にも「（普天間基地の移設先は）最低でも県外」と口にしてしまったのです（2009年）。直後に民主党が政権の座に就《つ》き、鳩山氏は首相に就任しましたが、「できっこないこと」を「できる」かのように錯覚させた鳩山氏の発言は、決着しかけていた辺野古移設問題を大きく動揺させせました。

民主党嫌いの仲井眞弘多《なかいまひろかず》知事（自民党）を怒らせただけでなく、辺野古移設反対運動に油を注ぎ、さらに中央官僚の猛烈な抵抗まで呼びこんでしまいました。辺野古移設計画が「沖縄への愛情表現」だったと知る官僚たちは、「ここで仕切り直したらさらに10年かかる」という危機感を持って対応しました。おかげで鳩山氏は、せっかく射止めた首相の座を失うことになり（２０１０年）、辺野古移設計画も暗礁《あんしょう》に乗り上げました。

国民には、いったい何が起こったのかさっぱりわかりませんでした。「辺野古移設反対」の声はあったものの、沖縄県内外で移設計画は既定の方針と受け取られていました。にもかかわらず、一国の首相の誤った判断が問題を振り出しに戻してしまったのです。その隙《すき》に乗じて、「米軍基地反対」「日米同盟反対」を唱える共産党などの党派や識者の声が大きくなったのはいうまでもありません。

「配慮」は辺野古移設断念で示せ

ここであらためて問題を整理しておきましょう。私たちは、沖縄の基地負担が過剰なことは知っています。沖縄戦での人的物的被害や27年間にわたって米軍に統治された沖縄の不幸な歴史も理解しています。「沖縄県民には苦労をかけたし、現在も苦労させている」という贖罪意識も持っています。終戦から70年以上、復帰から45年以上経っても、その贖罪意識はまだ健在です。贖罪意識の故に、日本政府は、沖縄振興計画に基づいた沖縄振興予算を設け、「沖縄経済の発展のため」に累計12兆円もの補助金を投入してきました。それは沖縄に対する「愛情」の一表現にほかなりませんでした。

が、沖縄は今も「まだ愛が足りない」といい、愛の証は「辺野古移設断念」で示せといいます。

たしかに沖縄の米軍基地は過剰ですが、米軍基地の配置は、安保や日米同盟の問題に属します。日米の役割分担、米軍と自衛隊の戦術・戦略、自衛隊基地の配置なども勘案しながら考えなければならない問題です。時代的な要請や歴史的な経緯もありますから、各都道府県に公平に基地を振り分けることは困難な課題です。

であるとするなら、不用なものを削減・整理・統合するとともに、再配置が困難なものについては、基地から生ずる「負担」「被害」を数量的に可視化し、その負担を最小化する基地の運用方法を模索するほかありません。それでもカバーできない部分については、物的・金銭的な補償措置を講じて対応するのが、もっとも現実的かつ合理的な解決策です。

辺野古移設は、人口密集地にある普天間飛行場の危険性除去のための方策です。県内での移設ですが、危険性も基地面積も減らすことができます。最善の策ではありませんが、海兵隊の配置を考えても現実的です。

こうした現実的な解決策では、「愛」の証にならないというのが沖縄の主張ですが、これには先に述べたような背景があるのを忘れてはいけません。辺野古移設計画には地元が積極的に関与しています。にもかかわらず、沖縄はけっして「移設容認」とはいいません。

実は沖縄にとって「基地反対」こそ見かけ上の「矜持《きょうじ》」（自負、プライド）なのです。その「矜持」を読み取り、手厳しい非難を受けとめつつ、分厚い封筒をさりげなく沖縄に手渡すことが、長いこと本土の保守政治家の最大の仕事でした。それが「愛の証」だったのです。山中貞則《やまなかさだのり》、橋本龍太郎、小渕恵三といった政治家が未だに沖縄で人気があるのもその証左です。彼らは、47都道府県の中で沖縄をもっとも財政的・政治的に優遇してきた政治家でした。

ところが、移設反対という主張を額面通りに受け取り、過剰な「沖縄愛」を発揮してしまったのが鳩山氏だったのです。移設の最終的な責任は（説明責任も含めて）、利害を調整する役割を担う政治家にありますが、政治家自身が本気で「愛」を語り始めた途端、沖縄の基地問題は暴走・迷走してしまいました。「友愛」を政治的モットーにしていた祖父・鳩山一郎氏にあやかろうとしたのかもしれませんが、鳩山氏の「失敗」とその「わかりにくさ」は、沖縄の特殊事情を忘れて、「純愛」で問題解決を図ろうとしたところにあります。この世界では、愛とお金は表裏一体なのです。

鳩山発言によるこうした混乱に拍車をかけたのが、自民党を離党して共産党・社民党などの票と組織をバックに「オール沖縄」を唱えて当選した翁長雄志《おながたけし》知事でした（2014年選出）。「日米同盟は支持するが、普天間飛行場の辺野古移設には反対」という立場を取る翁長知事は、「沖縄は本土の安全保障のために尽くしてきたのに、本土はそれに応えないばかりか、沖縄を差別している」と主張しました。この言葉を聞いて私は、「お前たち、まだまだ沖縄への愛が足りないぞ」と怒られているように感じたものです。しかも翁長知事は、一方の手で政府に向かって拳を振り上げながら、永田町や霞ヶ関にこっそり出向いて、「もっと沖縄振興予算を！」と、懐からもう一方の手をそっと差し出したのです。

しかし、「沖縄愛」を前提に「罵倒《ばとう》されつつ封筒を差し出す」姿勢で問題を解決する手法に、国民が納得する時代は過ぎ去りました。ここ十数年の間に、財政状況も、国際情勢も、日米同盟も、以前とは様変わりしてしまいました。政治の透明度や公正さに対する要求も強まっています。翁長知事の誤算はそこにありました。「沖縄への愛」を求める、旧態依然たる手法を活用する翁長知事に対して、第二次安倍政権は、これまでの内閣より強い姿勢で臨《のぞ》んだのです。就任後の翁長知事が上京しても面会しなかったことがその象徴でした。安倍政権には、「基地反対という沖縄の矜持」を易々《やすやす》とは認めないぞ、という強い覚悟があったのだと思います。

その結果、翁長知事のパフォーマンスはますますエスカレートしました。１９９０年代の大田知事も自民党政権と激しく対立しましたが、おそらくそれ以上といっていいでしょう。実質的には「問題の先送り」に過ぎないものばかりですが、次から次へと独自の「戦術」を打ちだして安倍政権に対峙しました。翁長知事のこうした対抗姿勢を受けて、メディアはもちろん、多くの県民と国民が、安倍政権の沖縄に対する「強硬姿勢」を批判しました。

共産党や社民党が数万人の動員をかけた集会で「沖縄アイデンティティ」「沖縄差別」を訴え、いかにも勝ち目があるかのように振る舞いながら、わざわざ勝ち目の薄い法的手段（第4章で詳述）を繰り出し、ときには国連やワシントンなどに出張って「日本政府の横暴」を喧伝《けんでん》する知事の派手なパフォーマンスを見て、私は「外連《けれん》」という言葉を思い出しました。

「外連」とは、この場合、「ごまかし」「はったり」「いかさま」というほどの意です。歌舞伎などでの早替わり・宙乗り・仕掛け物など、見た目本位の奇抜さをねらった演出や演目を「外連」といいますが、「外連味《けれんみ》のない」といえば、「偽りのない」「誠実な」という意味で用いられます。翁長知事以前の知事も、翁長知事と同様「沖縄への愛」を求める手法を使ってはいましたが、翁長知事はこの手法をバージョンアップさせ、「外連味」たっぷりのパフォーマンスにまで「高めた」のです。

本書では翁長知事の「外連」ぶりを詳しく描いていますが、知事をたんなる「嘘つき」と見なしているつもりはありません。翁長知事は、必ずしも自分自身の政治家としての得票や名声のためだけに、「外連」を気取っているのではないということです。翁長知事は、はったりをかけ、政府を動揺させることが、「沖縄の利益」だと信じているのでしょう。

翁長知事の「外連」は、中央と利害を異にする沖縄の政治家として当然のパフォーマンスだと正当化する人もいるでしょう。だとしても、私たちには翁長知事のこうした「外連」を批判する権利があります。なぜなら、私たちは納税者だからです。

「外連」の目的はただ一つ「沖縄をもっと愛してくれ」だというのが、私の判断です。そして、翁長知事にとって「愛情の深さ」は、端的に沖縄振興予算など補助金の多寡《たか》と増減で測られるものだと思います。「愛」と「お金」を天秤にかけているとみれば、わかりにくかった翁長知事の言動も、きわめてわかりやすくなります。私たちが求められているのは「愛」ですが、「愛」のバロメーターは「補助金」なのです。

しかも、翁長知事の狙いは年々の予算の増減だけではありません。沖縄振興予算の根拠法は沖縄振興計画法です。計画期間10年で、これまで第五次振興計画（２０１２年―２０２１年）まで策定されました（２０１７年時点で55年間継続）。これをもう10年（第六次振興計画）引き延ばそうというのが、翁長知事の目論見《もくろみ》です。

こんなことをいうと「〈沖縄の心〉や基地負担の話を、金目の話にすり替えるな」や「やっぱり金目の話か」といった反応が返ってくるでしょう。そうした反応の前提にあるのは「お金の話は汚い」という考え方です。が、私はお金の話が汚いとは思いません。お金を「要らない」という人は滅多《めった》にいません。沖縄県民にとっても、国民全体にとってもお金の話は必須です。問題は、そのお金が適正な方法で配分されているかどうか、配分されたお金が効果的に使われているかどうかです。

忌憚《きたん》なく言えば、沖縄振興予算など沖縄に投入される補助金や税制上の優遇措置の多くは「無駄金」です。沖縄経済の振興に役立つものではなく、沖縄経済の手足を縛り、自立を阻《はば》み、成長を妨げるものです。「公」に依存する沖縄経済の欠点を維持する効果しかありません。

沖縄経済は、公的部門と公共事業や福祉医療など、公的部門から流れ出す資金や補助金、税制上の優遇措置によって支えられている産業・企業を抜きにしては成り立ちません。観光業がこれだけ隆盛を誇っても、その基本構造は変わりません。その結果、純然たる民間部門は長いこと低迷を余儀なくされています。しかも第7章で具体的に示すように、所得格差など「分配の不公平」を表す経済指標のほとんどは、長年、全国でも最悪の数値を指し示しています。補助金に依存しない経済を目指さなければ、明るい未来は描けません。

しかし、年間3000億円を超える沖縄振興予算は「目先の利益」としては莫大《ばくだい》ですから、「振興予算の維持拡大」が、実は翁長知事に限らず、第一線にいる沖縄の政治家の目標になっています。翁長知事の一連のパフォーマンス（外連）は、利益を最大にしようとする「努力」の賜物《たまもの》といえるでしょう。

はっきりいいましょう。「移設反対」「基地反対」「基地縮小」というのは翁長知事にとってたんなる「お題目」です。「差別」や「独立」を口にして「本土の愛が足りない」という素振りを見せるのはたんなる「方便《ほうべん》」です。翁長知事の成果は、あくまで「補助金の多寡・補助制度の充実」を基準に測られるのです。そのことを、本書で論証していきます。

このように断言すると、「翁長知事は沖縄から基地を減らそうとしているだけだ。悪意にもほどがある」という反論がこちらに向けられるでしょう。が、果たしてそうでしょうか？　普天間飛行場の返還が決まってから21年。飛行場はまだそこにあります。なぜ普天間は１ミリも動かないのでしょう？

たしかに第一義的な責任は政府にあります。歴代政権の移設に関する責任の回避と地域や県民に対する説明不足は批判されてしかるべきでしょう。それでも、先にも触れたように、「沖縄内部での利害調整」が返還遅延の最大の要因です。なのに、その事実に言及する政治家やメディアはほぼ皆無です。

歴代名護市長は、「移設容認」どころか、移設推進に積極的に関わってきましたが、そのことはすっかり忘れられています。移設先の辺野古は移設を受け入れているという事実も、「政府の強権の前に辺野古が屈した」というかたちで、ひっそり伝えられるに留まります。以上のような「事実」に皆がほおかむりして、「県民世論は辺野古移設反対」という表面的な「スローガン」だけが注目されています。その結果、激しい反対運動と移設反対の「世論」が、普天間飛行場の移設遅延（固定化）を下支えする構造がすっかり出来上がってしまいました。

他方、沖縄振興予算などの補助金は今のところ無傷です。それどころか、翁長氏の前任である仲井眞知事は、辺野古埋め立て承認と引き換えに、安倍首相から「2021年度まで3000億円の振興予算」という保証を取り付けることに成功しました（2013年12月）。このような「長期保証」の取り付けは、歴代のどの知事もできなかった「偉業」でしたが、仲井眞氏は賞賛されるどころか、「沖縄の心をカネで売った」「沖縄に恥をかかせた」と激しく非難されました。なぜなら、「基地反対」の「矜持」を表向き堅持しながら、水面下でこっそり沖縄振興予算の維持・強化を要求するのが、沖縄の政治家の常道だったからです。もっと簡単にいえば、沖縄振興予算は「基地負担」を名目とした「裏金」なのに、仲井眞氏は、その「裏金」の存在を表面化させてしまったのです。仲井眞氏は、旧態依然たる「愛とカネ」の関係に決着を付けたかったのかもしれませんが、沖縄の人びとはそうした決着に納得しなかったということです。

とはいえ、仲井眞前知事が「年間３０００億円の長期契約」を取り付けたことは事実です。翁長知事および沖縄支配階層に残された課題は、「沖縄振興計画の延長」以外にはありませんでした。翁長知事は、そのために「基地（辺野古）」を人質に取った政治行動に徹しました。翁長知事に、基地問題を根本的に解決する気などありません。なぜなら、基地問題は最終的に安保や日米同盟の問題に帰せられるからです。一首長が口を出せることではないと、もともと「日の丸右翼」で、米軍や自衛隊の存在を積極的に肯定してきた翁長知事は十分承知しています。

したがって、辺野古移設問題での「落としどころ」などに関心はないのです。「自分がいくら反対しても辺野古移設は完了する」と考えているはずです。徹底的に移設に反対して政府に圧力をかけ、「沖縄振興計画の延長」を勝ち取ることだけが、翁長知事の「任務」なのです。彼はその任務を、「外連」の手法を使って、実に忠実に果たしているというのが、辺野古移設問題の「真相」だと思います。

知事や県当局は「沖縄県は優遇されていない（振興予算は騒ぐほどのものではない）」としばしば主張しますが、第7章で詳しく見る高率補助制度、防衛省沖縄関係予算、サトウキビなどに対する農業補助金、航空機燃料税減税や泡盛に対する酒税軽減措置などといった税制優遇措置を総合的に判断すれば、沖縄県が他府県に比して圧倒的に「優遇」されていることは歴然としています。が、沖縄はその事実を認めません。これもまた「外連」の一環です。

翁長知事の「外連」を明るみに出すことこそ、納税者として正しい態度だと思います。本書に何らかの意義があるとすれば、まさにその点にあると思います。

翁長知事の勝利、安倍政権も「特別扱い」継続

もっとも「現実」は私たちが考えるほど甘くはありませんでした。「現実」は、翁長知事の「外連」が旧体制の手法だと知りながら、それにすっかり翻弄され、知事の思惑通りの反応を見せてしまっているのです。ことの経緯を承知している安倍政権といえども、

「外連」からは自由ではありませんでした。なんと知事の「沖縄振興計画の延長」という日論見は、あともう少しで実現するところまできているのです。

菅義偉《すがよしひで》官房長官は13日、沖縄振興法などに基づく高率補助や各種優遇税制などについて、現行の第5次沖縄振興計画終了後の２０２２年度以降も、次期振興計画の中で維持する考えを示した。継続について「今の段階ではそう思っている」と答えた。政府高官が次期振計について言及するのは初めて。（２０１７年5月14日付「沖縄タイムス」（菅官房長官に対するインタビュー記事）

翁長知事に厳しく対峙してきた菅官房長官が、このように発言するとは俄に信じがたかったのですが、その翌日、時事通信も次のような記事を配信しました。

菅義偉官房長官は（２０１７年5月）15日の記者会見で、２０２１年度まで毎年３０００億円台の沖縄振興費を確保するとした政府方針について「（沖縄県と）約束したことはすべて守る」と強調した。その上で、22年度以降に関し、「沖縄を取り巻く環境を踏まえれば、現時点では何らかの支援が必要だと思っている」と述べた。（2017年5月15日付「時事通信」）

これ以上の振興策（沖縄振興計画・沖縄振興予算）は、沖縄経済を弱体化させ、全国の納税者に過剰な負担を与え続けることになります。他府県と同様の補助システムに移行したほうが、より実のある経済政策・産業政策を実施できますし、納税者の負担も軽減します。安倍内閣もこの点は理解していると考えていましたが、辺野古移設などをめぐる「沖縄の抵抗」が予想を上回るものだったのか、それとも別の「思惑」があるのかわかりませんが、沖縄県に大きく譲歩しているように見えます。

むろん官房長官の真意はまだはっきりしません。計画期間を10年ではなく5～6年に減ずる可能性もあります。以前から沖縄振興予算に難色を示してきた財務省の激しい抵抗も予想されます。が、「翁長知事の勝利」がそこまで見えている段階に差しかかっていることはたしかです。

2017年に入ってからの政治動向を見ると、こうした動きは十分予想されたことでした。

・3月30日　鶴保《つるほ》庸介《ようすけ》沖縄担当相（二階派）の沖縄後援会設立。会長は翁長知事の盟友・高良《たから》健《たけし》氏（医療法人陽心会理事長）

・4月末　教育委員会人事への口利き問題で副知事を辞任した安慶田光男《あげだみつお》氏が、二階俊博自民党幹事長などの肝煎《きもい》りで、政府と「オール沖縄」とのパイプ役となるシンクタンクを設立することが判明

・5月10日　翁長雄志知事が、佐喜眞《さきま》淳《あつし》宜野湾《ぎのわん》市長、大城肇《おおしろはじめ》琉球大学学長、自民党沖縄県連の島袋大《しまぶくろだい》政調会長などを伴って、永田町・霞ヶ関で陳情活動。政府の経済財政運営の「骨太方針」に沖縄振興策を加え、西普天間再開発計画に補助金を拠出するよう要請。事実上２０２２年度からの「第六次沖縄振興計画」に向けての陳情

以上の流れは、「沖縄振興予算継続」という目標を実現するため、翁長派も反翁長派も一致団結していることを示しています。この流れが、菅官房長官の「振興策継続」発言につながったと見てよいでしょう。補助金と基地負担の関係はしばしば「アメとムチ」といわれます。この場合、アメは沖縄振興策などの補助金、ムチは沖縄の米軍基地負担です。

ところが、近年の「沖縄vs.政府」の関係を見ると、沖縄が「基地反対」というムチを振るい、政府がそれと引き換えに振興策という名のアメを差し出しているかのように見えます。これを私は「ムチとアメ」の関係と名付けていますが、かなり異常な関係になっているのです。「主導権」を握っているのは沖縄です。

2016年から2031年までの15年間にわたって補助金をもらい続けること、与え続けることは「善政」とはいえません。沖縄県民にとっても全国の納税者にとっても、いいことはほとんどありません。激しい基地反対運動が振興予算維持・強化に「貢献」している以上、この運動も継続することになるでしょう。「基地＝お金」という状態が継続すると、日本の安全保障をめぐる議論にも陰りが差しかねません。

政府の方針が振興予算継続で固まったとしても、10年の計画期間を5年程度に圧縮する、あるいは振興予算の上限（単年度）ないし総枠（複数年度）を設定するなどして、無制限な振興策に歯止めをかけないと、基地問題はけっして解決には向かいませんし、そうなれば納税者の負担も軽減されません。

ここに来てはっきりしつつあることがあります。それは翁長知事の「外連」は、けっして知事単独のスタンドプレーではないということです。「外連」を仕組んだのは、沖縄のエスタブリッシュメント（支配階層）です。翁長知事は「外連」の主演者にすぎません。「外連」とは沖縄全体を巻き込み、本土の有力政治家まで脇役に据えた大芝居です。沖縄はまさに「外連の島」なのです。

１６０９年の薩摩の琉球侵攻ないし１８７９年の琉球処分以来、本土は沖縄に「酷《ひど》いこと」ばかり押しつけてきたといわれています。「搾取」「収奪」「差別」「植民地化」「切り捨て」「殺戮《さつりく》」「軍事基地化」……憎悪を呼ぶような言葉ばかりが並びます。これらの言葉を裏づける史実を全て否定する気はありませんが、「被害者・沖縄」vs.「加害者・日本」という構図を巧みに利用した「外連」によって、沖縄が「利」を得てきたこと、得ようとしていることも事実だと思います。

つまり「外連」は、被害者を加害者に、加害者を被害者に転換する装置でもあるのです。この装置は、時には「愛」まで利用し尽くす残忍さを持っています。

県民、国民は、この「事実」に一刻も早く覚醒《かくせい》すべきです。そうでないと取り返しのつかないことになります。本書は、「外連の島・沖縄」の実態を告発する「警告の書」として書かれたことを、本章の最後に強調しておきます。

第2章　英雄か悪漢か——翁長沖縄県知事の肖像（1）

政略家・翁長雄志研究

沖縄県宜野湾市にある米海兵隊・普天間飛行場を名護市辺野古に移設する問題で、「日本政府と果敢に闘う英雄」のごとく報道されることの多い翁長雄志《おながたけし》沖縄県知事ですが、その政治姿勢の矛盾と欺瞞《ぎまん》を指摘して、「基地問題をいたずらに混乱させた悪漢」と評する論者も少なくありません。

翁長知事に対する批判には、主として以下のような論点があります。

（1）「普天間飛行場の辺野古移設反対」の根拠
（2）共産党・社民党などと連携した「オール沖縄」の正当性
（3）基地負担と沖縄振興策（補助金）との関係をめぐる主張の変節
（4）「日本（政府）による沖縄差別」という主張の是非
（5）「普天間飛行場の辺野古移設は反対」「那覇軍港の浦添移設は容認」という姿勢の矛盾

これらの論点はすべて分かちがたく入り組んでいますが、本章ではこのうち（1）から

（４）までの論点を複合的に論じ、「政略家・翁長雄志の実像」に迫りたいと思います。なお、論点（５）は次章に譲ります。

　１９５０（昭和25）年10月２日生まれの翁長氏は、琉球王朝に仕えた名門士族の末裔《まつえい》です。旧琉球の士族は、中国風の姓名である唐名《からな》と日本風の姓名である大和名《やまとな》の二つの名前を併せ持つのが通例ですが、翁長家の唐名は「顧氏」となっています。唐名は未だに重要視され、同じ唐名を持つ同族集団「門中」の数十人から数百人が墓前に会して、共に清明《しーみー》祭を行う習慣も残っています。

　父・助静《じょせい》氏（１９８３年没）は、旧真和志《まわし》市長（現那覇市）や立法院議員などを歴任、１９７２年には保守系候補として那覇市長選に出馬しましたが、革新系の平良良松《たいらりょうしょう》氏に敗れました。長兄・助裕《すけひろ》氏（２０１１年没）は、県議会議員、副知事、那覇空港ビルディング会長などを歴任、１９９４年には保守系候補として県知事選に出馬しましたが、革新系の大田昌秀氏に敗れました。

　翁長氏は、那覇市立真和志中学、沖縄県立那覇高校を卒業後、医学部を目指して浪人した時期もあったようですが、最終的に法政大学法学部政治学科に進学して１９７５年に卒業しています。大学・学部学科とも「宿敵」と目される、１９４８年生まれの菅義偉官房長官の後輩ですが、二人のあいだに交流はありませんでした。

翁長氏の政治家としてのキャリアの出発点となる、那覇市議に初当選したのは1985年、34歳の時でした。翁長氏の市長時代の後援会「ひやみかちうまんちゅの会」のホームページには、政治家を目指した「動機」を窺《うかが》い知ることのできる一文が掲載されています。

〈タケシさんが政治家を目指すきっかけは、お父さんの助静さんでした。助静さんは那覇と合併する前の旧真和志村で村長、旧真和志市長をされていました。しかし、那覇市と真和志市の市町村合併の際の戦いで落選してしまったそうです。そのとき、お母さんの和子さんが、「タケシ、お前だけは政治家になってくれるな」と、泣いたのだそうです。タケシさんが10歳の時でした。しかし、このとき、落選して初めて涙を流す父をみて、タケシさんは、将来政治家になると固く決意したのだそうです。そのことを強く意識していたからこそ、小学校から児童会長を務めていたのかも知れません〉（「翁長雄志後援会・ひやみかちうまんちゅの会」ＨＰ（http://onaga1178.ti-da.net）より）

その後、翁長氏は那覇市議二期、沖縄県議二期を務め、県議二期目には自民党県連幹事長も務めました。那覇市長になったのは２０００年のこと。「32年ぶりに保守派が那覇市政を奪還した」と話題になった選挙でした。仲井眞弘多《なかいまひろかず》前知事の選対本部長の経験もあるほか、辺野古移設でもかつては推進の旗振り役を務めていました。二代前の稲嶺恵一知事時代に、同知事が辺野古移設を容認する条件として「辺野古代替施設の使用期限15年」を付しましたが、その条件について翁長氏は那覇市長時代、次のように語っています。

「稲嶺恵一氏はかつて普天間の県内移設を認めたうえで『代替施設の使用は15年間に限る』と知事選の公約に掲げた。あれを入れさせたのは僕だ。防衛省の守屋武昌《もりやたけまさ》さんらに『そうでないと選挙に勝てません』と。こちらが食い下がるから向こうは腹の中は違ったかもしれないけれど承諾した」

（２０１２年11月24日付朝日新聞朝刊掲載インタビューより）

翁長氏の政治理念はもともと「保守系右派」ともいえるもので、復帰後初めて市庁舎に日の丸を掲揚させ、「君が代」を斉唱させた市長として、革新系の党派から激しい批判を浴びたこともありますが（２００１年５月20日の市制80周年記念式典）、保守本流にいた翁長知事が、「普天間基地の県外移設」を積極的に唱えるようになったのは２０１０年以降のことでした。

当初は、民主党政権（２００9年9月～12年12月）に対する不信感から、政府に対する対決姿勢を先鋭化させたと思われますが、やがて盟友だった仲井眞知事（当時）とのあいだに亀裂が入り、翁長氏の対決姿勢はより鮮明になりました。安倍政権が成立することになる総選挙を控えた、２０１２年11月の朝日新聞のインタビュー（前出）では、次のように熱弁を奮っています。

「ぼくは自民党県連の幹事長もやった人間です。沖縄問題の責任は一義的には自民党にある。（中略）ただ、自民党でない国民は、沖縄の基地問題に対する理解があると思っていたんですよ。ところが政権交代して民主党になったら、何のことはない、民主党も全く同じことをする」

「ぼくらはね、もう折れてしまったんです。何だ、本土の人はみんな一緒じゃないの、と。沖縄と声を合わせるように、鳩山さんが『県外』と言っても一顧だにしない。沖縄で自民党とか民主党とか言っている場合じゃないという区切りが、鳩山内閣でつきました」

「沖縄の中が割れたら、またあんた方が笑うからさ。沖縄は、自ら招いたものでもない米軍基地を挟んで『平和だ』『経済だ』と憎しみあってきた。基地が厳然とあるんだから基地経済をすぐに見直すわけにはいかない、生きていくのが大事じゃないかというのが戦後沖縄の保守の論理。一方で革新側は、何を言っているんだ、命を金で売るのかと」

「これはもうイデオロギーの問題じゃなく、民族の問題じゃないかな。（中略）ヤマトンチュになろうとしても本土が寄せ付けないんだ。（中略）日本の47分の1として認めないんだったら、日本というくびきから外してちょうだいという気持ちだよね」

「自民党政権になっても辺野古移設に反対ですかって、反対に決まっている。オール日本が示す基地政策に、オール沖縄が最大公約数の部分でまとまり、対抗していく。これは自民党政権だろうが何だろうが変わりませんね」

翁長氏が、「辺野古移設反対」の姿勢を強め、「オール沖縄がオール日本に対決する」という構図を明確に打ちだしたのは、この時期からです。

既得権益の守護神としての政治手法

２０１３年1月27日には、「オスプレイ配備撤回東京要請行動」に主催団体「オスプレイ配備に反対する沖縄県民大会実行委員会」の共同代表として参加し、日比谷公会堂で開催された集会に出席した後、沖縄県選出国会議員、沖縄県議会議員、沖縄県全41市町村長・市町村議会議長（代理含む）とともに銀座までデモ行進しました。

この抗議行動に伴い、翁長氏が中心になって作成し、安倍首相に手渡した「建白書」は、「オスプレイ配備撤回」「普天間飛行場の撤去」「普天間飛行場の県内移設断念」を求めるものでしたが、沖縄県41市町村すべての首長・市町村議会議長全員の署名・捺印がありました。この「建白書」こそ、文字どおり「オール沖縄の出生証明」とされ、今でもたびたび引用されています（狭義には、２０１５年12月に結成された「辺野古新基地を造らせないオール沖縄会議」を「オール沖縄」と称する）。

が、「オール沖縄」は、その出生のときから「虚飾《きょしょく》」にまみれたものでした。「建白書」は、41市町村長の「総意」の下に作成されたものではなかったのです。実は「建白書」発表の3日前（1月25日）に、翁長氏と中山義隆《なかやまよしたか》石垣市長の間で、（普天間飛行場の）県内移設の選択肢を否定するものではないという趣旨の「確認書」なるものが交わされていました。中山市長は、「オスプレイ強行配備反対」という一点にのみ同意して署名したと述べており、県内移設という選択肢を否定しないという「確認書」はその担保として作成されましたが、「建白書」は、全首長・全議長が一丸となって「辺野古反対」を唱えているかのような印象を与える文書となっていました。

「確認書」には、「建白書」作成に際して事前に文言調整を十分に行うことを約束する項目もありましたが、署名者間での文言調整が行われた形跡はありません。つまり、翁長氏は、「オスプレイ強行配備撤回」以外の政府に対する要求や建白書の文面を首長たちに十分知らせないまま署名・捺印を求め、集会・デモへの参加を求めたことになります。

宜野湾市の佐喜真淳《さきまあつし》市長も、２０１４年10月28日の記者会見で、翁長氏が建白書への署名を求める際に、「われわれが反対しても国の方針は変えることができないと思う」「反対することで振興策が多く取れる」と述べたと暴露しています（２０１４年10月28日付産経新聞）。

結果的にいえば、41市町村中「辺野古移設容認」の立場を取る30人ほどの首長が翁長氏に騙《だま》され、「オール沖縄」の片棒を担がされたのです。「オール沖縄」は、その出発点から「オール」とはとてもいえない代物だったのです。これは、首長や議長だけでなく、県民や国民をも欺く「政略」だったといってもよいでしょう。翁長氏はこうした政略にきわめて長けた政治家です。

翁長氏はその後、４期目に入って間もない那覇市長の職を辞して知事選に出馬しました（２０１４年11月）。選挙戦で翁長氏は、「建白書」を盾に「オール沖縄」を標榜し、保守系支持者の一部と共産党、社民党、沖縄社会大衆党（沖縄の地域政党）などの支援を得て、現職の知事だった仲井眞氏と闘いました。

仲井眞氏は、「普天間飛行場の県外移設」を公約に掲げて当選した知事ですが、他方「辺野古移設反対」を唱えたこともありませんでした。２０１３年終盤まで、仲井眞氏はこの問題に対する態度を明確にしませんでしたが、同年12月27日、政府による辺野古埋立て申請を条件付きで許可しました。それに先立つ12月25日、安倍晋三首相と会談した仲井眞氏は、「２０２１年まで毎年３０００億円規模の沖縄振興予算」の約束を取り付けることに成功し、「有史以来の予算」と自画自賛したばかりでなく、「よい正月を迎えられる」と発言していましたから、埋め立て承認後、仲井眞氏は、移設反対派や地元メディアから「政府にカネで魂を売った裏切り者」扱いを受けるようになりました。

こうした経緯もあり、選挙戦は仲井眞氏にとり厳しい闘いになりました。翁長氏が、首長たちを騙してまでつくりあげた「オール沖縄」が功を奏したからです。これで〈沖縄県民なら挙《こぞ》って辺野古移設に反対すべきだ。容認派の仲井眞は裏切り者だ〉という雰囲気が生まれたことは否めません。結果、翁長氏の得票は36万８２０票、仲井眞氏の得票は２６１０７６票と10万票の差がつき、翁長氏の勝利が決まりました。同じく容認派の下地《しもじ》幹郎《みきお》氏が、衆院議員をわざわざ辞職のうえ立候補して、６万９４４７票の票を集めたことも、仲井眞氏にとって不利な材料となりました（端から勝ち目のなかった下地氏のこの行動はいまだに謎です。他の候補との間で何らかの駆け引きがあったといわれていますが、真相はわかりません）。

仲井眞氏と翁長氏は、もともと手に手を携えて、沖縄保守政界を引っ張ってきた仲でした。沖縄では、革新系党派や地元メディアが「基地反対」を訴え、保守系党派がこうした「反対」の声を政治的圧力に変えて、沖縄振興予算など政府からの補助金を最大限引き出すという、奇妙かつ絶妙な「分業構造」がありますが、両氏とも基地と補助金の絡みあう、こうした構造をもっとも熟知する政治家でした。

1995年の米兵による少女暴行事件をきっかけに、その構造は露骨とも思える「進化」を見せましたが、仲井眞氏は、沖縄県副知事（大田昌秀県政時代）・沖縄電力社長を歴任するなかで、また、翁長氏は県議・自民党県連幹事長・那覇市長を歴任するなかで、沖縄の財政・経済を特徴づけるこうした構造を維持管理する能力を身につけたはずです。「基地負担の代償としての補助金」の多寡が沖縄の保守政治家の評価に直結することになりますから、両氏とも「辺野古移設を材料に振興策を引き出す」ことが沖縄の保守政治家に宿命づけられた「使命」だと考えていたと思います。

一方で、基地反対と補助金を結びつける「集金装置」の存在が、普天間飛行場の辺野古移設の方針を決めた1996年のSACO（沖縄に関する特別行動委員会）最終報告から20年経っても、基地縮小が進まない一因となっているのも明らかでした。SACOが提示した現行プログラムの下では、辺野古移設に反対して移設作業を阻めば、懐柔策としての補助金を引き出すことに成功しても、基地縮小のプロセスは確実に停滞します。基地（基地負担）があり、反対運動がある限り、補助金が生まれる構造になっているのです。

「基地反対」という考え方がダメだといっているわけではありません。基地反対が補助金を生みだすような歪んだ構造に楔《くさび》を打たなければ、国民の共感は得られず、安保や基地負担をめぐるまともな議論もできないまま終始します。結果的に基地縮小は前に進まず、基地は固定化されることになります。現在の沖縄の基地問題は、安保の問題というより、本質的には財政・経済の問題なのです。「基地はいらない。補助金や優遇措置もいらない」という反対運動にこそ「大義」があるのですが、本気でそう唱える政治家は、共産党や社民党を含めて皆無です（51－52ページの翁長氏の発言を参照）。

仲井眞氏が、自覚的に楔を打ち込もうとしたかどうかは定かではありませんが、辺野古という「切り札」を切る（埋め立てを認める）決断をしたことは紛れもない事実です。その決断と引き換えに、これまでどの知事も実現したことのない「振興予算の多年度契約」に成功したのですから、仲井眞氏が「有史以来」と自画自賛したくなるのも無理からぬことです。が、「切り札」を切ってしまった以上、振興予算を根拠づける現在の沖縄振興計画（２０１２～21年／第五次）が「最後」になるリスクが高くなりました。

沖縄戦で壊滅的な被害を受け、27年にわたる米軍統治でいびつな経済が生まれてしまったことは確かですが、終戦から70年以上、復帰から45年以上も経過した現在、沖縄にのみ特別な補助制度を続ける積極的な理由は見あたりません。むしろ米軍統治でいびつになった経済が、復帰により過度に補助金に依存する経済に移行しただけ、ともいえます。

「補助金漬け」から脱却して、自立型の経済に移行することが、沖縄経済の最大の課題です。補助金を減らすことは基地縮小にもつながります。従来から永田町や霞ヶ関には、沖縄振興予算の効果に懐疑的な政治家や官僚が多数存在しますが、国家予算のやりくりが年々厳しくなるなか、「2022年からの第六次沖縄振興計画はありえない」という声はいっそう強くなるかもしれません。永田町や霞ヶ関の動向に詳しい仲井眞氏は、こうした流れを察知し、覚悟の上で「切り札」を切ったのでしょう。

一方の翁長氏は、「切り札」を切ることに反対だったのではないかと思います。仲井眞氏と翁長氏のあいだにはさまざまな確執《かくしつ》があったといわれていますが、歴代知事のなかでもっとも激しく政府と対立しながら、今も補助金の維持あるいは増額のために東京に通いつめ、政府関係者に陳情する、現在の翁長氏の姿を見ると、仲井眞氏と袂《たもと》を分かつことになった背景に、「基地と補助金」をめぐるスタンスの違いもあったのではないかと考えざるをえません。

もっとも仲井眞氏にも、那覇市内の名勝・識名園《しきなえん》近くに2010年10月に開通した識名トンネルをめぐる補助金不正受給事件という「汚点」もあります。大手ゼネコンの大成建設が落札したこの工事に際して、沖縄県は虚偽の契約書を作成し、5億1400万円に上る実態のない追加工事を発注したうえ、国から補助金を受け取ったのです。会計検査院の報告書で明るみに出たこの不正経理事件は、県の担当職員12名と業者３名の計15名が書類送検される事態に発展し、県議会も百条委員会を設置して調査にあたりました。不正経理には、仲井眞氏および同氏と親密な地元建設会社社長の関与が疑われましたが、最終的には15名全員が不起訴となり、百条委員会も真相を解明できないまま解散しました。沖縄県は、利息も含めた約５億８０００万円を国に返還しましたが、事件の全体像は今も明らかになっていません。

この事件をきっかけに、仲井眞氏と翁長氏との関係が冷え切ったという有力な指摘もあります。とはいえ、仲井眞氏や翁長氏のような、リーダー的立場にある沖縄県の政治家には、沖縄振興予算の獲得や使途をめぐる「怪しい噂」がつきものです。翁長氏も、沖縄の補助金依存体質をつくった張本人の一人だといわれています。

しかしながら、那覇市長時代の翁長氏は、「利益誘導こそが沖縄の保守の役割なのではないですか」という朝日新聞記者の問いかけに対して、次のように言い放っています。

「振興策を利益誘導というなら、お互い覚悟を決めましょうよ。沖縄に経済援助なんかいらない。税制の優遇措置もなくしてください。そのかわり、基地は返してください。国土の面積0・6％の沖縄で在日米軍基地の74％（当時。現在は70％）を引き受ける必要は、さらさらない。いったい沖縄が日本に甘えているんですか。それとも日本が沖縄に甘えているんですか」（前掲朝日新聞インタビュー）

基地をめぐる「沖縄vs.日本」という対立の構図の内部にまで突っこんだ記者（谷津憲郎那覇支局長——当時）の本質を突いた質問に、翁長氏は「補助金をいらんといえば困るのは日本政府だ。沖縄は一向に困らない」と大見得を切ったのです。これは、沖縄における基地反対論の「あるべき姿」を映しだした発言で、是非とも実行に移してほしいと望みますが、残念ながら、知事になってからの翁長氏は、「補助金はいらん」と口にしたことは一度もありません。

「補助金はいらん」と一言いえば、辺野古移設の問題は大きく動く可能性があります。補助金は事実上基地負担の代償ですから、沖縄県が補助金受け取りを拒否すれば政府も困ります。ところが、補助金についてメディアで伝えられるのは、永田町や霞ヶ関に頭を下げに行く翁長氏の姿ばかりです。

いずれにせよ２０１４年11月の知事選を、「沖縄経済の将来を見据える視線」によって評価するとすれば、仲井眞氏が「基地と補助金のリンクを断つ」側に立ち、翁長氏が「基地と補助金のリンクを守る」側に立っていたと、筆者は考えています。補助金漬けの旧体制を守るという意味でどちらがより「保守的」かといえば、翁長氏こそ「真正保守」です。翁長氏は、沖縄にうごめくさまざまな「既得権」の守護神なのです。翁長氏が勝ったということは、県民自身が、基地と補助金がリンクする構造の維持を望んだことを意味します。きわめて保守的な選択だったと思います。

左派票を得るためのパフォーマンス

当選後の翁長氏は、「沖縄の民意は辺野古新基地反対」と訴え、「あらゆる手段を用いて辺野古新基地を阻止する」と繰り返し主張しています。以前の翁長氏は、政府や本土マスコミの慣用に従って、おもに「辺野古移設」という表現を用いていたのですが、選挙期間中から社民党・共産党、沖縄地元紙に倣って「辺野古新基地」という、政府にとっていささか刺激的な用語法を常用するようになりました。この一点だけを見ても、翁長氏の政府や日本《やまと》との対決姿勢がますます鮮明になったことがわかります。右手で大きく拳を振り上げながら、（補助金を受け取るために）左手を差し出す、という姿勢に徹しているのです。

しかしながら、なぜここまで対決姿勢を鮮明にする必要があるのでしょうか。「模範解答」は「翁長氏が本気で辺野古移設を止めたいと思っているからだ」となるでしょうが、私はそう見ていません。翁長氏が「辺野古阻止」に全力を傾けている理由は、「補助金獲得のための圧力」以外にも複数あると思いますが、なによりもまず、仲井眞氏との対立がある以上、自民系保守層の支持を万遍《まんべん》なく得られないと考えたからです。つまり、保守層の支持だけでは「当選」できない状況にある（あった）のです。

翁長氏が知事選で勝利するためには、共産党や社民党の票が不可欠でした。知事就任早々の12月25日、翁長氏は東京・代々木の共産党本部に足を運んで事実上「当選御礼」の挨拶をしていますが、「元」がつくとはいえ、自民党県連の重鎮が共産党本部にお礼参りするのは前代未聞です。裏を返せば、それほどまで共産党に「お世話」になっているということです。

たとえば、選挙の年（２０１４年）の翁長氏系政治団体の政治資金報告書を見ると、明記されている分だけで、日本共産党沖縄県委員会から約37万円、共産党系全国保険医団体連合会会員から約３４０万円（パーティ券購入）の寄付がありました。選挙期間中には数十名の共産党系専従運動員の支援を受けたといわれていますが、これらは氷山の一角だと指摘する人もいます。いうまでもなく翁長氏にとって、このような共産党の後ろ盾は、２０１８年11月に予定される次期知事選でも欠かすことはできません。

むろん翁長知事は、「共産党や社民党の意向」だけに沿って動いているわけではありません。先に触れた政治資金の動向を詳しく見れば、翁長氏が「典型的な保守政治家としての仕事」を着実に実行していることもわかります。

沖縄経済界のなかで最大の翁長支援者は、ホテル観光業大手のかりゆしグループと建設・流通業大手の金秀《かねひで》グループですが、知事選の行われた２０１４年のオナガ雄志後援会（資金管理団体）の政治資金報告書によれば、両グループはパーティ券購入のかたちで、翁長氏に１０００万円ずつ資金を提供しています。当年における翁長氏の政治資金総額は約７０００万円ですから、両グループの資金は全体の約３割を占める額です。

翁長知事当選後、両グループとも見事にこうした資金提供の「見返り」を受けています。たとえば、県が人事権を握る沖縄コンベンションビューロー（沖縄観光業の元締め）の会長に、かりゆしグループ総帥の平良朝敬《たいらちょうけい》氏が、同じく県が人事権を握る沖縄都市モノレール（沖縄唯一の軌道交通機関）の社長に、金秀グループの幹部・美里義雅《みさとよしまさ》氏が就任しています。形式的にはあくまで県人事委員会の人事ですが、同委員会が翁長知事の意向を「忖度《そんたく》」した結果です。

ここまで露骨な「利益供与」あるいは「論功行賞人事」は今や全国的に見ても稀ですが、それほどまでに翁長県政は前時代的な体質を持っているということです。このような人事を追及して止めさせることこそ、共産党や社民党の本来の仕事だと思いますが、彼らは「辺野古重視」という党利党略から、黙認を決めこみました。これは、翁長県政が一部の地元企業・共産・社民の呉越同舟《ごえつどうしゅう》によって支えられていることの証しですが、県民本位の政治姿勢とはとてもいえません。

沖縄における「既得権益の守護神」という、前時代的な体質を持つ翁長県政ですが、県独自の「外交」にはきわめて熱心です。都道府県が、外交交渉のために海外事務所を設置するのは異例中の異例ですが、翁長氏は、２０１５年４月に沖縄県ワシントン事務所を開設し、駐沖縄米国領事館への勤務経験がある平安山英雄《へんざんひでお》氏を所長に任命しました。「辺野古反対」の立場を、米国連邦議会関係者・政府関係者に説明し、理解してもらうのが主たる業務です。

ところが、職員給与や年間活動費約７４００万円（２０１６年度）の大半（９割超に当たる６８４９万円）が、米国コンサルタント会社への委託料として支払われているにもかかわらず、平安山所長以下２名の職員が、政府高官や有力議員に面会できたケースは稀で、ほとんど開店休業状態になっていることが、県議会などで追及されました。たとえば、２０１６年１月からの半年間で、面会できた日はわずか22日。うち米政府職員との面会は３人のみで、議員からも冷遇され、面会日22日のうち10日は民間研究者との面会でした。

事務所活動が低調なこともあって、２０１５年５月、２０１６年５月、２０１７年２月と、翁長氏は訪米して、ワシントンの議会関係者や識者に辺野古移設反対への理解を求めましたが、政府関係・議会関係の要人にはほとんど面会できず、研究者などとの面会でお茶を濁しただけに終わりました。とくに２０１７年２月の訪米時には、発足して間もないトランプ政権幹部への面会を希望していましたが、翁長氏に好意的な記事を配信しているアナ・ファイフィールド『ワシントン・ポスト』東京支局長に「沖縄県知事の（ワシントン）ＤＣへの旅は最悪だった。トランプ政権に相手にされず、地元では注目を集めた」とツイート（２０１７年２月６日）される始末でした。

そもそも外交権を持たない沖縄県が、安全保障問題（基地問題）について議会などでロビー活動すること自体、米政府・米議会関係者になかなか理解されませんが、平安山所長が就労ビザを取得できなかったことも活動停滞の一因でした。県職員として一年以上の海外勤務経験がなければ、原則として就労ビザは認められません。2017年4月1日には、知事公室参事兼基地対策課長の運天《うんてん》修《おさむ》氏が、新たなワシントン事務所長として赴任しましたが、今後も「沖縄県の外交」の成果が劇的に高まることは、まずないでしょう。

沖縄県が外交権を持たない、したがって米政府・連邦議会にまともに相手をしてもらえない事情を知ってか知らずか、翁長氏は国連の場を活用して世界に「辺野古新基地反対」を訴える行動に出ています。これは、市民外交センター（上村英明《うえむらひであき》代表）という人権NGOの協力によって実現しています。

市民外交センターは、現代における琉球独立運動ともいえる琉球弧の先住民族会（宮里護佐丸会長）や琉球民族独立総合研究学会（松島泰勝《まつしまやすかつ》共同代表他）と協力関係にあり、2014年8月にジュネーブ（スイス）で行われた国連人種差別撤廃委員会での糸数慶子《いとかずけいこ》参院議員（沖縄社会大衆党）による「辺野古移設は琉球人への差別だ」というスピーチもお膳立てしています。翁長氏によるスピーチが行われたのは、2015年9月22日にジュネーブで開かれた、第30回国連人権理事会定期会合の席上でした。メイン・テーマである

「北朝鮮の人権問題」をめぐるパネル討論終了後に設けられた各国・各団体の報告時間のうち、市民外交センターに割り当てられた2分間の時間枠を利用したものです。

「私は、沖縄の民族自決権（self-determination）がないがしろにされている辺野古の現状を、世界の方々にお伝えするために参りました。沖縄県内の米軍基地は、第二次大戦後、米軍に強制的に接収され、建設されたものです。私たちが自ら進んで提供した土地は全くありません。沖縄の面積は日本の国土のわずか０・６％ですが、在日米軍専用施設の73・８％（当時）が沖縄に集中しています。戦後70年間、沖縄の米軍基地は、事件、事故、環境問題の温床となってきました。私たちの自己決定権や人権が顧みられることはありませんでした」

『自国民の自由、平等、人権、民主主義も保障できない国が、どうして世界の国々とこうした価値観を共有できるといえるのでしょうか。日本政府は、昨年、沖縄で行われた全ての選挙で示された民意を無視して、今まさに辺野古の美しい海を埋め立て、新基地建設を進めようとしています。私は、考えられうる限りのあらゆる合法的な手段を使って、辺野古新基地建設を阻止する決意です」

（原文は英語。訳文は著者による）

翁長知事はこのスピーチでself-determinationという言葉を使っていますが、一般にこれは「民族自決（権）」を意味します。主たるメディアはこの言葉を「自己決定権」と訳しましたが、適訳とはいえません。「自己決定権」にあたる英語はautonomyですから、翁長知事は沖縄県民を「抑圧された少数民族」であると世界に向けて宣言したのです。少数民族問題を扱う人権理事会のなかで、こうした用語を使ってスピーチすれば、「琉球民族としての固有の権利が侵害されている」と差別を訴えていることになります。もちろん、琉球民族としての一体性やアイデンティティを、沖縄に住む人びとが等しく共有しており、日本政府や米軍基地によって、彼らの生活や権利が日常的に脅かされているとすれば、知事の主張にも正当性はあるかもしれません。

が、少なくとも戦後70年間についていえば、日本への復帰運動が盛り上がりを見せた時期はあっても、琉球民族の独立が政治課題になったことはただの一度もありません。また、日本政府はおろか沖縄県も、「琉球民族は少数民族である」と公式に認めたことはありません。大半の沖縄県民は自らを日本国民であると考えており、他県民も沖縄県民を同胞と考えています。「沖縄人は日本人ではない」と断定するに等しい知事のスピーチは、多くの沖縄県民に不要な孤立感や不安感を押しつけると同時に、対外的には日本の分裂を印象づけようとする働きさえ持つことになります。

忘れてはならないのは、辺野古移設の目的が、普天間基地の危険性を除去することにある点です。人口密集地にある普天間基地こそ、沖縄の基地負担の象徴であり、県民とって最大の脅威となっています。移設先として選ばれた名護市辺野古区の住民は、脅威の除去に協力して移設を受け入れると表明しているのに、知事はこうした事実についても全く触れていません。

この人権理事会で最も注目を集めたのは、難民問題も含むシリアの人権問題と、拉致被害も含む北朝鮮の人権問題でした。いずれも人命に直結する深刻な問題です。翁長知事に先んじて行われた、拉致被害者・田口八重子さんの長男・飯塚耕一郎氏による「私には母の記憶がない」というスピーチは出席者全員の心を打ちましたが、県民に認められていない「民族自決権」を声高に主張しながら辺野古移設反対を唱えた知事のスピーチは、果たして出席者の心にどこまで届いたのでしょうか。

なお、この人権理事会では、嘉治美佐子《かじみさこ》ジュネーブ国際機関代表部大使と我那覇真子《がなはまさこ》

「琉球新報、沖縄タイムスを正す県民・国民の会」代表によって、翁長知事に対するカウンタースピーチも行われています。

「民族自決権」まで持ち出して沖縄の「窮状」を国際社会に訴える翁長氏の突出した行動は、まさに「あらゆる手段を用いて辺野古新基地を阻止する」という決意の現れかもしれませんが、県民の承認を得ていない「民族自決権」に、実体があるかのように国際社会に向けて主張するのは、ある種の「政略」だとしても、さすがに異常なことだと思います。

地元が求めた辺野古沖埋め立て

ところで、翁長氏の「辺野古移設反対」には正当性があるのでしょうか？　「日米同盟賛成という保守派の翁長さんまで猛反対するのだから、辺野古移設はやはり安倍政権の横暴だ。沖縄の民意を無視している」と、保守層のなかにも翁長氏を支持する県民・国民は多いと思います。これについては１９９５年に遡《さかのぼ》る時系列で整理しておきましょう。

ことの発端は、１９９５年９月４日に発生した海兵隊員３名による少女暴行事件でした（前述）。県民はこれに敏感に反応し、９月25日には主催者側発表で８万５０００人もの参加者が集まった抗議集会が開催されました。大田昌秀知事（当時）は、同年11月28日、「米軍基地問題協議会」で普天間飛行場返還を政府に要求し、翌１９９６年4月12日、当時の橋本龍太郎首相とウォルター・モンデール駐日米国大使（カーター政権下の副大統領）の会談により、普天間飛行場を5年から7年以内に返還することが決まりました。

辺野古移設のプロセスが始まったのはこの時からでした。「宜野湾市民、沖縄県民の切実な願い」を当時の橋本龍太郎首相が聞き入れたことから始まったのです。米軍基地や安保政策自体の是非や政府の歴史認識が問われたわけではありません。基地移設によって、宜野湾市民の目に見える基地負担を減らすと同時に、面積という観点から沖縄の米軍基地全体の規模を縮小することになりました。

橋本龍太郎首相が普天間基地の移設を提案した１９９６年に、私は沖縄の基地問題に関わり始めました。しかしながら、あの時点で、普天間基地のような米軍にとって重要性の高い基地が返還されると予想した者は、本土にも沖縄にも駐留米軍にもいませんでした。沖縄の指導者の間には、その政治的な立場にかかわらず動揺が広がり、基地跡地の利用や米軍基地反対運動の行く末を懸念して「移設は迷惑だ」と真顔で発言する人びとさえいたのです。

が、それまでほとんど動かなかった基地が大きく動いたということは画期的でした。現に稼働している、米軍にとって重要性の高い普天間基地が移設されることなど、夢のまた夢だったのです。1996年のこのサプライズは、やはり今も記憶に深く刻んでおくべき出発点です。

次の問題は移設先でした。移設先探しの日米交渉は当初、外務省主導でした。普天間返還を含む基地縮小計画であるSACO（沖縄に関する特別行動委員会）合意をまとめたのは当時の北米局審議官田中均《ひとし》氏です。最初の段階から移設先候補として名護市辺野古のキャンプ・シュワブ沖が有力視されていましたが、名護市（市長）と沖縄県（知事）は1997年から1999年にかけて受け入れを表明し、政府は辺野古沖に滑走路を造成することを前提に「キャンプ・シュワブ水域内名護市辺野古沿岸域」と閣議決定しました（1999年12月）。

名護市と沖縄県が最初の段階で受け入れたという事実は注目に値します。しばしば「政府が強引に進めたから、沖縄が断腸の思いで容認した」といわれますが、当時の政府はそれほど強引だったわけではありません。むしろ、沖縄側の関心は具体的な設置場所と工法にあり、本土の政治家や業者もこれに加わって、水面下でさまざまな折衝《せっしょう》と駆け引きが行われていました。

こうした事情もあり、いったん閣議決定されたものの、外務省主導の普天間移設は遅々として進まず、２００３年から防衛庁（当時）の守屋武昌氏（のち防衛省事務次官）が主導権を握りました。守屋氏は防衛庁きってのやり手でした。

沖縄で移設プロセスに影響力を発揮していたのが、県建設業協会副会長で県防衛協会北部支部長を務めていた東《ひがし》開発会長の仲泊弘次《なかどまりひろつぐ》氏でした。当時、仲泊氏と守屋氏は協力関係にありました。辺野古沖案の最大のネックは技術的な問題と建設コストでした。水深が最大で40メートルもある場所に、台風などの高波に耐える滑走路を建設するには高度な技術が必要です。そのコストは、工法によって３０００億円から７０００億と推計されていましたが、１兆～２兆円まで膨らむ可能性もありました。稲嶺惠一知事、後に知事になる仲井眞弘多氏（沖縄電力会長）も辺野古沖案を支持しました。沖縄県政財界の指導者層は、ほぼこの案で固まりかけていたのです。

が、技術とコストの壁はいかんともしがたく、守屋氏は辺野古沖案を断念し、「キャンプ・シュワブ内陸案」を模索しました。内陸案では埋め立てはありません。これには、砂利会社を自社グループ内に持っている仲泊氏らが反発しました。埋め立てで潤う砂利会社の利権を脅かすプランは受け入れられなかったのです。1970年と2010年の二時点間についての県土面積増加率を都道府県別に見ると、1位が大阪の2・4%、2位が東京の2・2%、3位が沖縄の1・7%、4位が愛知の1・6%、5位が千葉の1・5%となっています。上位5県のうち巨大工業地帯や大都市がないのは沖縄県だけです。

「沖縄にとって海は宝」といいますが、その宝の海を埋め立てて土地を造成することも、沖縄に大きな「富」をもたらしてきました。したがって埋め立てに対する沖縄のアレルギーは強くありません。むしろ推奨されてきたといっていいでしょう。埋め立てのない守屋氏のプランは沖縄に「富」をもたらさないのです。同氏は後年、「私は、沖縄の一部の人々に悪《あ》しざまにいわれていることは承知している。それは『埋め立て面積が大幅に減る陸上案』をまとめ、その後もたび重なる浅瀬への移動要望を拒み続けたからだと思う」と述べています（『中央公論』2010年1月号）。

2005年6月、仲泊氏は、埋め立てを伴う「浅瀬案」を、沖縄県防衛協会北部支部長として記者会見を開き、提案しました。仲泊氏の根回しで、1960年代から浅瀬案に近似したプランを持っていた米軍も同調しました。東開発の支援を受ける岸本建男《きしもとたてお》市長も同年9月に「浅瀬案」を容認しました。こうして名護市主導で、現行案（V字型案）の前身である滑走路1本のL字型案が生まれ、守屋氏の陸上案は敗退しました。

L字型案で決着するかに見えた移設案決定プロセスでしたが、岸本氏後継の島袋吉和《しまぶくろよしかず》市長は政府と繰り返し折衝し、「これでは住民のあいだで騒音被害が発生する」と当時の額賀福志郎《ぬかがふくしろう》防衛庁長官に陳情しました。名護市側の要望を受けてできあがった最終案が滑走路を2本にするV字型案でした。ヘリやオスプレイが離着陸する滑走路を2本に増やしたところで騒音は軽減しませんが、埋め立て面積は確実に増加します。このV字型案が2006年に閣議決定され、日米間で合意された現行案です。

ところが、これでもまだ決着しませんでした。名護市はこの2本の滑走路を沖合にずらせと要求し始めました。水深が深い大浦湾の工事が減り、浅瀬の埋め立てが増える案です。大浦湾は桟橋方式という高度な海洋土木技術が必要なので、本土の業者しか受注できません。建設地が数メートルずれるだけで、埋め立てを伴う地元企業の利益は億単位で増えていきます。

これに対し今度は名護市内部から反発の声が上がります。東開発のライバルである屋部《やぶ》土建が「日米合意案推進」の立場から東開発と対立し、守屋氏も屋部土建を応援しました。屋部土建派は、保守的な東開発派を「沖合移動で埋め立て利権を増やす連中」と揶揄《やゆ》して

「沖出しグループ」と呼びましたが、最終的に「沖出しグループ」の目論見は叶《かな》いませんでした。

ただ、東開発vs.屋部土建の構図は、島袋名護市長が再選を狙った2010年の市長選挙まで尾を引くことになります。東開発は島袋氏を支援し、屋部土建は名護市教育長だった稲嶺進氏を支援しました。当選したのは稲嶺氏でした。移設容認の辺野古区などは同じ東海岸三原区出身の稲嶺氏を支援しましたが、稲嶺氏は、「辺野古反対」を唱えなければ当選できない状況にありました。共産党や社民党の組織票を得られなければ落選する可能性が高かったからです。さまざまな思惑が入り乱れる選挙でしたが、稲嶺氏が学んだのは、辺野古区の民意や屋部土建の利権を尊重することよりも、組織票の重みでした。以後、稲嶺市長は、翁長知事と共に「辺野古反対」の先頭に立つようになります。

V字型案で決着するまで、政府は辺野古移設の取扱いを、守屋氏に半ば一任していました。守屋氏は良くも悪くも沖縄に深く食い込んで辺野古移設計画をまとめ、さらに防衛庁を防衛省に昇格させる腕力を発揮しましたが、小池百合子防衛大臣との対立もあって2007年8月に退任し、11月には収賄事件で逮捕されてしまいます。防衛省の剛腕が表舞台から去ると、あらたな混乱が始まりました。守屋氏が主導権を握っていた時期に、冷ややかに静観していた外務省の出番でしたが、守屋氏が築いてきた「遺産」を十分活用できないまま、２００９年９月には民主党政権が成立してしまいました。

周知のように、ここからは大混乱の始まりです。鳩山由紀夫首相が「普天間基地は最低でも県外に移設する」と発言したことで、振り出しに戻るどころか、いっそうの混乱状態を呈するようになってしまいました。「あの発言さえなければ、辺野古移設作業はもう終わっていた」（政府関係者）というボヤキが今でもあちこちから聞こえてきます。反対運動は活気づき、保守派の翁長氏まで反対派陣営に与《くみ》するようになってしまいました。

が、以上のように辺野古移設問題の経緯をあらためてたどると、「辺野古に新基地は造らせない」という主張がとても空虚に思えて仕方がありません。沖縄の民意を代表する立場にあった知事や市長は、当初から辺野古移設を容認し、いったん決まってからは、その動機は何であれ積極的に推進してきたのです。政府は沖縄側のくるくると変わる厳しい要求を前に、むしろ受け身、防戦一方の対応だったといって差し支えないでしょう（その状態は今も変わりません）。

「鳩山発言以降、民意が変わったのだから、政府は辺野古移設を断念すべきだ」という主張もわかります。しかしながら、日米の政府レベルでは、辺野古が正式な移設先として合意され、沖縄県や名護市はこれを追認したのです。辺野古移設は、「本土と沖縄の政治的指導者や利害関係者がさまざまな利害を調整した上で決まったこと」としか言い様がありません。

他に選択肢はなかったのかといえば、おそらくあったと思います。でも、沖縄県内の利害調整だけで膨大な手間と時間がかかってしまいました。これに一枚岩となって対処する能力や意欲が日本政府に欠けていたことも事実でしょう。「移設反対」を主張する人たちは、辺野古移設が紛糾した責任について、政府の強引さや米軍の身勝手を一方的に批判しますが、県内移設・辺野古移設の意思決定は、沖縄県内の指導者・有力者と協議の上で行われたことなのです。それはけっして、たんなる押しつけの結果ではありません。辺野古以外の場所が候補だったとしても（たとえ県外だったとしても）、同じように沖縄が紛糾したことは容易に想像できます。

「普天間移設」を受けて策定された１９９６年の沖縄に関する特別行動委員会（ＳＡＣＯ）の最終報告から今日までの20余年の間、沖縄県内の関係者は何をしていたかと問えば、利権をめぐる争闘に明け暮れ、政府は沖縄を懐柔してＳＡＣＯ合意を実現するため、沖縄振興予算・防衛省沖縄関係予算という「麻薬」を沖縄に与え続けたのです。

基地反対派も含め多くの関係者は「善意」で行動しているかもしれません。が、「沖縄の米軍基地」は善意だけで動くものではありません。政府、米軍、沖縄の政財界、基地反対派の利害関係・力関係がすべて、この問題に集約されているのです。関係組織・関係者は一人残らず共犯者です。

が、今やそうした関係組織・関係者を断罪している時間も十分ありません。安倍政権は、これまでの政府と沖縄によるツケを着実に払おうとしているだけだといっていいと思います。要するに辺野古移設について、安倍政権は尻ぬぐい役を務めているのです。高い支持率を誇った安倍政権であれば、辺野古以外の選択肢を示すことができたかもしれません。彼らがそれをやらなかったのは、問題がまたまた振り出しに戻るだけでなく、再び魑魅《ち み》魍魎《もう》が跋扈《ばっこ》するカオスのなかに引き摺《ず》り込まれ、ゴールがますます遠ざかることを恐れたからです。安全保障環境が刻々と変化するなか、新たに20年以上の歳月をかけて、同じプロセスを長々と繰り返す余裕が今の日本（および日本経済）にはあるとは思えません。

結論をいえば、以上のような事情を熟知しつつ、「琉球民族主義」まで掲げて、いたずらに混乱を長引かせている翁長知事の「辺野古反対」をめぐる姿勢は、沖縄県民と日本国民を欺《あざむ》く「外連《けれん》」の所業であるといわざるをえません。

第3章　基地移設の矛盾と欺瞞《ぎまん》——翁長沖縄県知事の肖像（2）

矛盾だらけの那覇軍港浦添移設

政治家が選挙や民意を重視するのは当然です。しかし、無原則であってはならないと思います。前章で見た通り、翁長雄志沖縄県知事の政治姿勢は、無原則で矛盾だらけです。翁長知事の対基地政策のなかで最大の矛盾とされるのは、那覇軍港の移設問題です。翁長知事は、沖縄の米軍基地面積が320ヘクタール削減される普天間基地の辺野古移設には反対していますが、基地面積がほとんど減らない那覇軍港の浦添移設では、「推進」の立場に立っています。

問題になっている那覇軍港とは、那覇市都心部に近い那覇市住吉町にある「那覇港湾施設」のことで、1945年の占領以来、米陸軍が管理しています。一部海軍も使用していますが、ベトナム戦争や湾岸戦争の折には、陸軍の戦闘車両や武器の荷揚げ荷下ろしの際に活用されていました。面積は約59ヘクタール。空港から那覇都心部に向かう国道331号線沿いにあるため、観光やビジネスの拠点として利用価値は高く、1996年のSACO最終合意（日米合意）では、浦添埠頭地区への移設条件付きで返還されることが決まっています。

当初浦添市は、移設に難色を示しましたが、稲嶺県政時代に、稲嶺知事と当時那覇市長だった翁長知事が浦添市の説得に努め、移設容認を公約に掲げて当選した儀間《ぎま》光男《みつお》市長（現参院議員・日本維新の会）が、正式に受け入れを表明しました（２００１年11月12日）。当時の琉球新報は以下のように報じています。

> 儀間光男浦添市長は12日午後、浦添市役所で記者会見し、米軍那覇港湾施設（那覇軍港）の浦添市への受け入れを正式に表明した。（中略）儀間市長は2月の市長選で移設容認と西海岸開発を公約に掲げて当選。就任後は正式表明への時期を模索してきた。会見では「協議会で意見を交わす中で、振興策が打たれていく」と、振興策獲得のための協議会発足が受け入れの条件だったと説明した。（中略）
>
> 本県の産業基盤拡充につながる／稲嶺恵一知事の話
>
> 市長の表明は長年の懸案であった軍港の返還を促進し、那覇港の国際流通港湾としての整備や西海岸道路の整備など本県の産業基盤の拡充にもつながるものだ。決断に深く敬意を表したい。

決断に敬意／翁長雄志那覇市長の話

決断に敬意を表する。今後、那覇港は県、那覇市、浦添市の三者が一体となって国際流通港湾として整備・管理することになる。振興発展を担う中核施設として整備されるように努力を重ねたい。

（２００１年11月13日付琉球新報）

この記事に掲載されたコメントからも明らかなように、翁長知事は以前から「那覇軍港移設推進派」でした。ところが、２０１３年2月10日に行われた浦添市長選挙に際し、急に態度を翻しました。移設問題を選挙のための政争の具として「活用」したのです。市長選の候補だった松本哲治《まつもとてつじ》氏の当選を阻止すべく、翁長氏は推進派から反対派に転じました。

２０１３年の浦添市長選挙での松本氏は、当時の現職市長・儀間光男氏に対抗する候補として、「沖縄県内初」といわれる公開選考会を経て選ばれた「公募候補」でした。その意味で、市政や県政に渦巻くどろどろした利害対立とは無縁のはずの「市民派候補」だったのです。ところが、公開選考会を主催した組織内で選考終了後に衝突が起き、当時の翁長雄志那覇市長（現県知事）が率いるグループが、公開選考会で落選した西原広美《にしはらひろみ》氏を強引に擁立しました。松本氏も立候補を取りやめませんでしたから、魑魅魍魎《ちみもうりょう》が暗躍する三つ巴の選挙戦になってしまったのです。

ここまでは「よくある地方政治のゴタゴタ」として片づけてよいかもしれませんが、次の段階で大きな問題が生じました。翁長氏グループは、共産党・社民党・沖縄社会大衆党などといった「移設反対派」の「票」欲しさに、当初まったく争点でなかった「那覇軍港の浦添移設問題」を「争点化」してしまったのです。

現職の儀間氏、新人の松本・西原氏の両氏とも、立候補を決めた時点では「移設容認」という立場でした。つまり、移設問題は争点ではなかったのです。ところが翁長氏は、選挙での優位性を求めて一計を案じ、共産党・社民党などの票を得るために西原氏を「移設反対派」という立場に転じさせました。西原氏は「移設反対」を標榜する「オール沖縄」の候補として、選挙に臨むことになったのです。先に触れた「オスプレイ配備撤回東京要請行動」（2013年1月27日）で「オール沖縄」を本格的に始動させたばかりの翁長氏でしたから、ぜひともこの選挙を勝ち取りたかったことでしょう。

那覇軍港の浦添移設をめぐる「反対」と「容認」の対立は、翁長氏が選挙のために「でっち上げた争点」ですから、「移設反対」という西原氏の公約に正当性を与えるためには、那覇市長だった翁長氏自ら「反対派のふり」をして、西原氏に加勢する必要がありました。選挙戦が始まるまで翁長氏は「那覇軍港の浦添移設」を推進する立場でしたが、選挙に際して「移設反対」に豹変《ひょうへん》し、「那覇軍港を浦添に移設することはまかりならん。無条件返還だ」と言いだしたのです。それもこれも、西原氏を当選させるための政治的画策でした。

これには翁長那覇市長と手を携えて移設計画を進めてきた現職・儀間氏も驚いたようですが、いちばん当惑したのは組織票に頼ることの難しい松本氏でした。争点でなかった移設問題がいきなり争点化されただけでなく、移設元の那覇市長が「移設反対」を唱えたのですから、松本氏がいくら「移設容認」を唱えても空念仏になってしまいます。結局、公示直前、松本氏も「容認」の看板を降ろして「反対」に転じました。

翁長氏は、役職や資金提供というエサをちらつかせながら、松本氏に立候補を取りやめるよう働きかけましたが、松本氏は翻意せず、選挙は終盤までもつれました。

投票日を迎えると大きな波乱が起きました。組織もカネもない松本氏が予想外に善戦して当選を果たしたのです。「公募による市民派候補」の当選は、保革相乱れて、既得権の確保や権益追求のために狂奔《きょうほん》してきた沖縄政界を根底から覆すような大事件で、これによって「基地反対・容認」さえ政治的取引の材料に使われてきた沖縄の古い体質が改められる、と期待されました。

ところが、「翁長氏主導の政治劇」はこれでは終わりませんでした。選挙をめぐるゴタゴタは「第一幕」にすぎなかったのです。松本氏が当選を勝ち取ると、選挙期間中に那覇軍港の浦添移設に「反対」していたはずの翁長氏は、何事もなかったかのように「那覇軍港の浦添移設容認という公式の立場は変わらない」と言いだしたのです。翁長政治劇「第二幕」の始まりです。

翁長氏の「政治家としての良心」が問われるような話ですが、翁長氏は選挙のためなら手段を選ばない「政略家」ですから、この程度の「嘘・偽り」「裏切り」なら気にはならないのかもしれません。「県民・市民のため」ではなく「当選のため」という行動原理で一貫している翁長氏を「政治家の鑑《かがみ》」と褒めそやす人もいますが、「翁長氏のやり口は明らかに度を超えている」と批判する県民も少なくありません。私も、翁長氏を近現代的な「市民」という概念の「極北」にいる政治家、沖縄アンシャンレジーム（旧体制）の象徴と見なしています。

策に溺れて市長選に敗北した「オール沖縄」

こうして翁長氏の政治劇第二幕が始まると、松本市長は逡巡《しゅんじゅん》した挙げ句、当選から1年余り経った2015年4月20日、「移設反対」の公約を降ろして再び「移設容認」に転じました。翁長氏が「移設反対」という梯子を外し、対話を求めてきた松本市長との面談を拒否することによって、松本市長を徹底的に追いつめた結果、市長は公約を反故《ほご》にして「容認」を打ちださざるをえなくなったのです。

〈那覇市が浦添移設を望んでいる以上、浦添市としても協調するほかない。このまま「反対姿勢」を続けたら、20年近く膠着《こうちゃく》している普天間飛行場移設問題の二の舞になる〉というのが、松本市長の考え方でした。基地縮小と地域の発展を両立させたい松本市長は、使い古された言葉ですが、まさに「苦渋の決断」を下したのです。

以後、松本市長は「公約違反」のレッテルを貼られ、市議会などで共産党などに厳しく追及されただけではなく、一部の支援者からも厳しく批判されました。公約違反は事実ですが、もとはといえば、ひとかけらの良心もない翁長氏グループによる「奸計《かんけい》」が出発点ですから、松本市長を一方的に責めれば済む話ではありません。すべての候補者が「移設容認」を唱え、それが地域としての「民意」を形成しつつあったとき、共産・社民の組織票欲しさに、「ちゃぶ台をひっくり返す」ようなことをやったのは翁長氏です。しかも、後になって「俺はちゃぶ台などひっくり返した憶えはない」と強弁する「おまけ」までついていました。

ところが、松本市長はこうした「圧力」に屈しませんでした。市長としてさまざまな課題を処理しながら、松本氏は知事として君臨する翁長氏に毅然《きぜん》と立ち向かいました。浦添移設容認は「公約違反」ではなく、浦添の未来に対する投資だと市民に丁寧に訴え、「選挙益」「党派益」に凝り固まった「オール沖縄」の矛盾を指摘し続けました。「政治家本位」ではなく「市民本位」を貫こうとしたのです。

２０１６年2月17日に開催された軍転協（沖縄県軍用地転用促進・基地問題協議会）総会の席で、松本市長は翁長知事に一矢報いることに成功しました。浦添市はホームページで、この時の市長と知事のやり取りを事細かに再現していますが、松本市長は、浦添にできる米軍施設を、半ば皮肉を込めて「新しい基地」と呼び、「辺野古新基地建設阻止」を訴えながら「浦添新基地」を進める翁長知事の政治姿勢を暗に批判しています。

既存の基地（キャンプ・シュワブ）とその埋め立て拡張によって造られる、辺野古の滑走路を「新基地」と呼ぶことができるなら、純然たる埋立地に造られる新しい那覇軍港は当然「新基地」となる、という松本市長の認識を示したものともいえます。逆にいえば、浦添が新基地でないとすれば、辺野古も新基地ではなくなることを意味します。言葉は柔らかいですが、その実体は翁長知事に対する痛烈な批判です。

松本市長のこの「新基地発言」を聞いて翁長知事と県公室長は動揺し、躍起《やっき》になって否定していますが、翁長知事サイドの完敗といってもいいでしょう。那覇港管理組合の管轄区域内の埋め立てだから新基地ではないという知事の説明を受け入れるなら、海兵隊管轄区域内（キャンプ・シュワブ）の埋め立てで造られる辺野古の滑走路も新基地ではないことになります。翁長氏自らが推進してきた浦添移設に対して、選挙対策として一時的に「反対」の狼煙《のろし》を上げ、選挙が終われば再び「移設推進」に戻って平然としていた事実を松本市長から指摘され、意味不明の釈明を繰り返す翁長知事の姿は滑稽《こっけい》ですらありました。

こうして「政治劇」は、2017年2月12日の浦添市長選という「第三幕」を迎えることになりました。

2016年後半には、反松本を掲げる複数の候補が、この市長選に名乗りを上げた時期もありましたが、結果的に翁長氏と「オール沖縄」は、又吉健太郎《またよしけんたろう》市議を統一候補として擁立することになりました。どこをどう切っても「保守」にすぎない又吉氏ですが、共産・社民側はコマ不足で独自候補を立てられなかったのです。驚いたことに、選挙戦終盤になって、維新・下地幹郎衆院議員のグループが又吉候補に相乗りしました。浦添市内に「権益」を持つ下地氏が、松本市長の下では、自分たちの権益は守られないと判断したといわれています。

では、下地氏の守ろうとした権益とは何か？　簡単にいえば、那覇軍港の浦添移設に伴う沿岸再開発の「埋め立て利権」です。松本市長は、那覇軍港の浦添移設に伴う埋め立て面積を１６０ヘクタールに抑えるプランを示しています。埋め立て面積は現行計画より72ヘクタールも少なくなりますから、当然のことながら経費節減にもなりますし、環境保全にもつながります。

ところが、これを「よし」としないグループが、翁長知事＋オール沖縄に加勢し、松本市長の追い落としに走ったのです。「浦添移設は市民投票で決しよう」といっていた又吉候補ですが、選挙戦終盤に「浦添移設は現行計画で行く」と主張を変えています。この「変節」は、下地氏のグループに対する配慮以外のなにものでもありません。

他方、翁長氏との対決姿勢を強める松本氏を、自民党・公明党が応援しないわけがありません。オール沖縄候補が当選すれば、浦添も辺野古や高江と同じ轍《てつ》を踏んでしまう恐れもあります。自民党・保守層内の良識派は、翁長知事・下地議員の側の政治家本位・利権本位の姿勢にも危機感を抱き、きめこまやかな選挙態勢を整えながら、再選を目指す松本氏を熱心に支援しました。

こうした推移を経て、2017年2月の選挙で、松本市長は再選されました。政治劇第三幕は松本氏の圧勝に終わったのです。いや、もっと厳密にいえば、市民本位の松本氏を選ぶという健全な判断を下した浦添市民の勝利でしょう。

この選挙戦における松本氏の「勝因」（翁長知事率いる「オール沖縄」の敗因）にはさまざまな要素があると思いますが、以下のように整理できると思います。

（1）松本氏の「市民本位」の姿勢が浦添の有権者に評価された。言い換えると、翁長知事や下地衆院議員のような「政治家本位」「利権本位」の姿勢が時代遅れになったことに多くの有権者が気づき始めた。

（2）旧体制の柵《しがらみ》から比較的自由な立場に立つ、フレッシュな見識とビジョンを持ち合わせた政治家や財界人が松本氏を熱心に応援し、それが功を奏した。
（３）「オール沖縄」側が候補者選びや選挙戦略で失敗した。「オール沖縄」は、基地問題とはほとんど無縁の宮古島市長選（２０１７年1月22日投票）を、沖縄ローカル・メディアを使って強引に「オール沖縄対アンチ・オール沖縄の選挙戦」に仕立て上げたが、結果的に敗北し、「オール沖縄勢力の退潮」を有権者に強く印象づけることになった。
（４）高江における基地反対運動家の違法な活動や、翁長知事を支えていた安慶田副知事の辞任（２０１７年1月23日）など、「オール沖縄」側の不祥事が続き、有権者に愛想を尽かされた。

以上の勝因をあえて一言でいえば、「基地問題から自由な沖縄」を志向する有権者が増えているということを意味すると思います。「基地問題から自由な沖縄」とは、「地縁・血縁・歴史に過度に縛られることなく、現実に対してより柔軟に対応できる沖縄」でもあります。

浦添市長選におけるこうした「勝因」が、沖縄の未来にどのような意味を持つのか、まだまだ未知数ですが、翁長知事と「オール沖縄」の抱える矛盾を県民が認識し始めたことは朗報といえるでしょう。

まだある翁長知事の矛盾——那覇空港・ジュゴン・辺野古基金

翁長知事の「辺野古移設反対」と「浦添移設容認」という矛盾を指摘すると、「辺野古は手つかずの自然の残された美しい場所だが、那覇都市圏にある浦添はそうではない」という反論が返ってきます。しかし、基地面積が少しでも増えることに対して「沖縄差別だ」と抗議してきた従来の基地反対運動の論理との整合性はとれません。

さらに、自然を重視するなら、数々の希少生物の生存が脅かされている那覇空港の拡張事業（施工中）にも反対すべきです。翁長知事はこの事業を、市長時代から率先して進めてきました。第二滑走路建設を伴う那覇空港の拡張工事では、辺野古と同じ160ヘクタールの海が埋め立てられることになっています。

実は、那覇空港第二滑走路の建設についても、県内からは異論が出ていました。注目したいのは、那覇空港は官民共用空港であるということです。自衛隊や海上保安庁が頻繁に利用する空港なので、官民というより「軍民」といったほうが適切かもしれません。

２０１０年における那覇空港の発着回数は年間13万５０００回。うち自衛隊機は約２万４０００回と発着回数全体の約18％を占めています。民間機と自衛隊機の発着が重なって、遅延やニアミスが起こることも珍しくありません。那覇空港の埋め立て申請書にはとくに記載されていませんが、地元紙などによれば、官民共用によるトラブルを回避することも、第二滑走路建設に踏み切った理由だと報道されていました。

今や翁長与党となった日本共産党ですが、その機関紙「しんぶん赤旗」では以下のように報道しています。

「沖縄県は9日、公有水面埋立法に基づき、那覇空港第2滑走路建設に伴う埋め立て申請を承認しました。これに対し、貴重なサンゴや藻場、自然海岸が消失するとして批判の声が上がっています。さらに、昨年、閣議決定された新防衛大綱に伴う那覇空港（那覇基地）の自衛隊増強の呼び水になり、沖縄での軍拡につながるとの懸念も出ています」

（２０１４年1月28日付）

共産党は、埋め立ておよび滑走路建設に反対だったのです。那覇市議会でも埋め立ては議案として審議され可決されましたが、共産党のほか、社民党、沖縄社会大衆党が環境悪化や自衛隊基地機能の強化などを理由に、反対票を投じています（２０１３年12月20日）。

２０１４年１月21日付「琉球新報」は、那覇空港の民間専有化を市議会が全会一致で12回も決議したことに触れながら「専有化すれば現有滑走路で十分対応可能だ。嘉手納基地の返還が緊急対応にも早道だ」と述べる湧川朝渉《わくがわともゆき》市議（共産党）のコメントを紹介しています。先に取り上げた「しんぶん赤旗」の記事でも、発着回数の増加が予測されるとしても、那覇空港から自衛隊を排除すれば現状の滑走路でも十分対応可能だから、第二滑走路建設は不要だ、と主張しています。つまり、共産党は、「自然保護」と「日米同盟反対」のふたつの論拠から、辺野古と同じく那覇空港にも反対していたことになります。

翁長知事は、２０１５年10月13日、仲井眞前知事による辺野古の埋め立て承認を、「埋め立ては安保上の必要性もなく、自然を破壊する」といった理由から取り消しましたが、仲井眞前知事がほぼ同時期に承認した那覇空港の埋め立て承認は取り消していません。共産党が指摘するように、那覇空港にも辺野古と同様の問題があるので、論理的には那覇空港の埋め立て承認も取り消さないとつじつまが合いませんが、翁長知事は那覇空港の埋め立てを問題にしたことは一度もありません。

自然保護・環境保護の観点から「瑕疵《かし》」があると取り消した辺野古の埋め立て承認ですが、防衛省が提出した辺野古の環境影響評価書に当たってみると、辺野古埋め立てで影響を受ける可能性のある重要生物は、陸域79種、海域91種の計１７０種（事業実施区域内）。対する那覇空港の埋め立てで影響を受ける可能性のある重要生物は、陸域60種、海域１６５種の計２２５種となっています。

那覇空港の埋め立ても生態系に影響を与えることは必至ですが、知事は辺野古の自然しか守ろうとしていません。那覇の自然は差別されているのです。なぜそういう差別が起こるのか？　あまり穿《うが》った見方はしたくありませんが、おそらく辺野古付近にはジュゴンが生息していて、那覇付近には生息していない、という事情によるものだと思います。

よく知られているように、辺野古の自然を象徴する希少生物はジュゴンです。移設反対派も「ジュゴンの海を守れ」をスローガンに辺野古で闘っています。もちろん翁長知事も、辺野古の象徴たるジュゴンを守るつもりでしょう。２０１６年度には県としてジュゴンの生息状況調査を始めることにもなっています。

「ジュゴン学者」である市川光太郎《いちかわこうたろう》氏は、その著書『ジュゴンの上手なつかまえ方～海の歌姫を追いかけて』（岩波科学ライブラリー・２０１４年）のなかで、防衛省が沖縄県に提出した辺野古の環境影響評価書にも触れながら、「沖縄には3頭しかジュゴンはいない」と断言しています。太平洋側の嘉陽《かよう》周辺（辺野古区の東北東7キロ先）に父親ジュゴンと息子、東シナ海側の古宇利《こうり》島周辺に母親ジュゴンが住んでいます。父親と母親は別居状態で、息子はときどき母親のところに通っているということです。別居の理由は解明されていませんが、いずれにせよもう繁殖のチャンスはありません。この親子が沖縄最後のジュゴンなのです。

つまり、辺野古の埋め立て工事があろうがなかろうが、沖縄のジュゴンは絶滅する運命にあるということです。私たちにできることは、この親子を保護すると同時に、繁殖のチャンスを、知恵を絞って考えることです。調査というよりも保護・繁殖を優先しなければなりません。政府も手をこまねいて見ていないで、一刻も早く手を打つべきですが、ジュゴンが辺野古移設反対運動の象徴になっているため、研究者は沖縄のジュゴンに関わりたがりません。ジュゴンの政治利用がジュゴンの保護を遅らせているのです。

翁長知事とその支援者を支えるため2015年4月に設立され、全国から6億円以上の募金を集めている「辺野古基金」にも問題があります。この辺野古基金の使途も不透明です。基金側は近く「使途を明確にする」といっていますが、基金に寄付をした人たちからも、その不透明な運営に不満が出ています。

おまけに、知事選で翁長氏を支援し、辺野古基金設立のために奔走した二人の共同代表（かりゆしグループ・平良朝敬氏、金秀グループ・美里義雅氏）に対しては、前章で述べたようにあからさまな「利権配分」が行われました。

沖縄県民のあいだでも、翁長知事に対する不満が次第に鬱積《うっせき》し始めています。翁長知事は就任１年で８回も外遊しました。うち２回は「日本政府の沖縄差別」を世界に訴えるための外遊でした。就任１年目に「外遊が多すぎる」とメディアから厳しく批判された舛添要一前東京都知事でさえ、その回数は６回だったのです。

外遊や上京が多い知事のおかげで、県の行政も遅滞しています。基地問題は沖縄県の課題の一つに過ぎません。所得格差、貧困、教育現場の混乱、防災、過疎、ＤＶ（ドメスティックバイオレンス）の横行や青少年の非行……。沖縄県の課題はいくらでもあります。

知事の行動は、事実上「反対のための反対」の域を出ることはありません。政略で割を食うのは県民であり、国民なのです。

第4章　行政処分の応酬と法廷闘争——翁長沖縄県知事の肖像（3）

エスカレートした法的係争戦術

これだけの矛盾と問題を抱える翁長知事ですが、その「辺野古反対」はエスカレートする一方です。２０１５年からは先の見えない行政処分の応酬と法廷闘争に転じました。

こうした法的係争は、おもに仲井眞前知事による「辺野古埋め立て承認」を翁長現知事が取り消したことの適法性を主題にしていました。翁長知事が埋め立て承認を取り消した目的は、「辺野古移設反対」の立場から国による埋め立て作業を阻止（または妨害）することですが、法律用語や行政用語が頻出する係争のプロセスを把握するには、並々ならぬ根気が必要です。そこで、まず法的係争関係の流れを段階別に分け、ざっと概観してみることにします。なお、係争の詳細にあまり関心が持てないという読者諸兄は、以下の概観と付表だけに目を通し、残りの本文は読み飛ばしてもらって構いません。

●第一段階　水産資源保護法をめぐる係争（２０１５年3月）

翁長知事が、水産資源保護法を根拠に埋め立て停止を指示。国は、行政不服審査法等を根拠に埋め立て停止指示を無効化して、埋め立てを続行。

●第二段階　公有水面埋立法をめぐる係争（２０１５年10月）

翁長知事が、公有水面埋立法を根拠に埋め立て承認を取り消し。国は、行政不服審査法等を根拠に埋め立て停止指示を無効化して埋め立てを続行。

●第三段階　国による代執行訴訟（２０１５年11月）

翁長知事による埋め立て承認取り消しは違法だとして、国は福岡高裁那覇支部に提訴。

●第四段階　福岡高裁那覇支部の和解案（２０１６年１月）

高裁は、国と県との継続協議を促すと同時に、一連の法的手続きのやり直しを勧告する和解案を提示。３月に両者ともこれを受け入れ。和解案に従って国は埋め立てを一時停止。

●第五段階　国を原告とした「翁長知事の不作為」の違法確認訴訟（２０１６年７月）

辺野古承認取り消しに対する国の是正指示に翁長知事が応じないのは違法として、国は「不作為」の違法確認訴訟を福岡高裁那覇支部に提起。

●第六段階　高裁・最高裁の判決（２０１６年９月・12月）

高裁は、「翁長知事が埋め立て承認取り消しという政府の是正指示に従わないのは違法」との判決（翁長知事敗訴・９月）。最高裁は翁長知事の上告を棄却（翁長知事敗訴確定・

日付	翁長知事（沖縄県）の対応	国の対応	主たる関連法
	（↙）を受けて、埋め立て承認取り消しの効力を国が停止したのは違法として、福岡高裁那覇支部に提訴（**効力確認訴訟**）		地方自治法
2016/3/4	**翁長知事、国が和解案受け入れ。和解案に従って、代執行訴訟、抗告訴訟、効力確認訴訟を取り下げへ**		
2016/3/16		和解案に従い、翁長知事の埋め立て承認取り消しに対し、国交相が是正を指示	公有水面埋立法、行政不服審査法、行政手続法
2016/3/22	和解案に従い、国交相の是正指示を不服として、翁長知事が**国地方係争処理委員会**に審査申し出		地方自治法
2016/6/17	**国地方係争処理委員会**が、翁長知事の審査申し出に対し「違法かどうか判断しない」と結論		
2016/7/22		辺野古承認取り消しに対する国の是正指示に翁長知事が応じないのは違法として「不作為」の違法確認訴訟を**福岡高裁那覇支部**に提起	地方自治法
2016/9/16	**福岡高裁那覇支部**「沖縄県が、埋め立て承認取り消しという政府の是正指示に従わないのは違法」と判決（**翁長知事敗訴**）。翁長知事は直ちに**最高裁に上告**		
2016/12/20	**最高裁**、翁長知事の上告を棄却（**翁長知事敗訴確定**）		

「翁長知事vs.国」法的係争関係の推移（2015~2016年）

日付	翁長知事（沖縄県）の対応	国の対応	主たる関連法
2015/3/23	辺野古埋め立てが、岩礁を破砕しているとして、水産資源保護法に基づき、埋め立て停止を指示	農林水産大臣が、行政不服審査法に基づき、翁長知事による埋め立て停止指示を停止	水産資源保護法、行政不服審査法、行政手続法
2015/10/13	公有水面埋立法に基づき、前知事による辺野古埋め立て承認は違法だとして、これを取り消し	国土交通大臣が、行政不服審査法に基づき、翁長知事による承認取り消しの効力を停止	公有水面埋立法、行政不服審査法、行政手続法
2015/11/2	地方自治法に基づき、埋め立て承認取り消しの効力を停止した石井国交相の決定を不服として、**国地方係争処理委員会**に審査を申し出	石井国土相は、翁長知事の埋め立て承認取り消しは違法として、その取り消しを求め、**福岡高裁那覇支部**に提訴（**代執行訴訟**）	地方自治法
2015/12/24	**国地方係争処理委員会が翁長知事の審査申し出を却下**		
2015/12/25	「埋め立て承認取り消し」を停止した石井国交相の決定の取り消しを求めて、国を那覇地裁へ提訴（**抗告訴訟**）		地方自治法
2016/1/29	**福岡高裁那覇支部が和解案を提示**		
2016/2/1	国地方係争処理委員会の却下（↗）		地方自治法

12月)。国は翌年2月、辺野古埋め立て作業を再開。
前ページの付表は、翁長知事と国との係争の推移を、若干詳しく整理し直したものです。残りの本文を読んで混乱が生じたら、この付表に立ち戻って確認してください。

２０１５年10月13日、翁長現知事は、仲井眞弘多前知事による辺野古埋め立て承認（２０１３年12月）を取り消しました。これにより国（防衛省沖縄防衛局）による工事を停止させたことで、多くのメディアが「反権力のヒーロー」翁長知事にエールを送りました。これに対して、国（沖縄防衛局）は、行政不服審査法に基づき、10月14日に石井《いしい》啓一《けいいち》国土交通大臣に不服審査を請求し、翁長知事による行政処分（承認取り消し）の効力停止を求めました。

この問題については、公有水面埋立法、行政手続法、行政不服審査法、行政事件訴訟法などの法律が複雑に入り組んでいます。自治体がいったん出した「承認」を、首長が代わることによって取り消すというのもきわめて異例ですが、その行政処分に対して国が民間事業者と同じように、行政手続法、行政不服審査法に基づき、政府部内の一機関に不服審査を請求するというのもきわめて異例でした。

まず、沖縄防衛局が国土交通省に対して、不服審査を請求したのは、手続き的に正しいのかどうか検討してみましょう。

これについてすでに先例があります。２０１５年３月、埋め立て事業に伴う辺野古沖海底の「岩礁破砕」が問題になった時、水産資源保護法に違反する疑いがあるとして、県は国による埋め立て作業の停止を指示しました（３月23日）。翌24日、国はこれを行政処分と受けとめ、行政不服審査法に基づき、水産資源保護法の上級監督官庁である農水省に裁定を求めました（水産資源保護法の適用は、国が自治体に委託した法廷受託事務との認識が背景にあります）。一週間後の３月30日、農水大臣は行政処分（埋め立て作業停止）の執行停止（＝埋め立ての継続）を指示した上で、国の申し立てについて審査を開始しました。

農水大臣には、県の指示を事実上無効にする権限があり、工事を続行させながら、審査手続きを進めることができます。国によるこの対抗措置には、県だけでなくマスコミはもちろん、専門家ですらアッと驚きました。「そういう手があったか」というわけです。ただし、農水省によるこの審査手続きは、翁長知事による10月13日の埋め立て承認取り消しにより、中止されました。

国は、埋め立て承認取り消しに対して、これと同じ手法で対応しました。ただし、承認取り消しの不服審査を行うのは、農水省ではなく、公有水面埋立法を管轄する国土交通省でした。国からの審査請求に基づき、10月27日、石井国交大臣は、翁長知事による埋め立て承認取り消し処分を停止し、国は、10月29日に辺野古の本体工事に着手しました。

沖縄県は、岩礁破砕の一件と同様、防衛省は国交省に対して「埋め立て承認取り消し」の処分についての不服申し立てはそもそもできない、という立場を取っていました。その根拠となるのは行政手続法です。行政機関の処分の取り消し（この場合は、埋め立て承認の取り消し）について、同法は次のように定めています。

〈行政手続法第四条〉

国の機関又は地方公共団体若しくはその機関に対する処分（これらの機関又は団体がその固有の資格において当該処分の名あて人となるものに限る。）及び行政指導並びにこれらの機関又は団体がする届出（これらの機関又は団体がその固有の資格においてすべきこととされているものに限る。）については、この法律の規定は、適用しない。

この条項によれば、国は、行政上の不利益処分が行われる際の名あて人（行政処分される主体）にはなれない、と読めます。これが県の主張でした。が、カッコ内には「固有の資格において当該処分の名あて人となるものに限る」と定められています。「固有の資格」がなければ、国も不利益処分の際の名あて人になれるわけです。

この場合の「固有の資格」とは「もっぱら国にしかなしえないこと」を意味します。埋め立ては、国にしかなしえない事業であるかといえば、そうではありません。民間企業や個人が許可を取って埋め立てを行うケースはいくらでもあります。つまり、国固有の事業とはいえない、というのが国の主張です。したがって、埋め立て事業について県が行政上の不利益処分（承認の取り消し）を行う場合、国は民間企業と同じ手続きで処分され、もっといえば行政不服審査法に基づく不服審査を訴える権利も確保することになります（行政手続法第二七条）。

国のこの主張に対して、翁長氏を支持するメディアは反論を準備していました。２０１５年9月14日付けの沖縄タイムスには、成蹊大学の武田真一郎《たけだしんいちろう》教授のコメントが紹介されていました。

「民間業者や私人が海を埋め立て、軍事基地を造ることは考えられない。埋立法では民間には免許、国には承認と言葉を使い分けており、国固有の資格で承認を得たのは間違いなく、行政不服審査法の適用を受けて不服審査を求める資格はない」

公有水面埋立法は、民間に対する「許認可」と国に対する「承認」を分けています。「承認」された事業を国固有の事業と見なせるというのが、武田教授の主張です。この主張が正しいとすれば、国が行政手続法の適用を受けて埋め立てを続行することは難しくなります。が、公有水面埋立法が、承認と許認可を分けているのは、「行政機関同士に許認可という言葉がたんにふさわしくないから」とも受け取れます。

実際、許認可の手続きと、承認の手続きとは同一です。つまり、行政機関による埋め立て申請だからといって、許可・承認が出される要件に変わりはないということです。この点を考慮すれば、やはり辺野古埋め立てを「国固有の事業」と見なすのは難しいと思われます。その限りでは、国は私人（民間事業者）と同じ扱いを受けることになります。

公有水面埋立法、行政手続法というふたつの法律を併せ読むと、国という事業者も民間事業者と同じ基準の下に法律を執行され、国は工事の停止という行政処分を受けたことになりますから、行政手続法に基づき、不服を訴える権利が生じることになります。やはり国の主張のほうが説得力があります。国が行政不服審査法に基づき、国土交通大臣に審査を求めたのも、流れとしては自然です。県は埋め立て承認について私人と同じ基準を国の機関に適用したのですから、行政不服審査法による裁定を受ける権利は生じます。結論をいえば、手続き上は明らかに国に分がありました。

先に取り上げた武田教授を始め、翁長知事を支援する法曹界の人びとは、この手続きにこだわる議論を好んで展開しました。「国には行政手続法などに基づいて、翁長知事による行政処分（工事停止）の効力の停止を求め、不服審査を請求する資格がない」というわけです。が、上述の通り、石井国交大臣は10月29日に、沖縄防衛局の求めに応じて翁長知事の行政処分の効力を停止し、不服審査に入ると表明しました。

翁長知事は政府の姿勢を強く批判しましたが、国も法を駆使して対抗してくることは、知事にも十分予測できたことですから、「スケジュール通り」ともいえます。果たして翁長知事は辺野古移設を本気で阻むつもりなのか、その「本気度」を問う声が、辺野古移設反対派の間からも出てきました。

後ほどあらためて触れますが、仲井眞前知事の埋め立て承認の効力を停止するにあたって、翁長知事には埋め立て承認取り消しと、埋め立て承認撤回という二つのオプションがありました。撤回よりも裁判で勝ち目の薄い取り消しを選んだ時点で、翁長知事の本気度はもっと疑われてしかるべきだったのですが、辺野古移設反対派のあいだでは国に対する非難ばかりが先行し、翁長知事の姿勢に対する疑念の声は大きくなりませんでした。

いずれにせよサイは投げられました。最大の問題は、翁長知事の「埋め立て承認取り消し」という行為（行政処分）が法的に正しいかどうかでした。知事よる埋め立て承認手続きは「法定受託事務」に分類され、国の代わりに地方公共団体が行うべき仕事とされています。大雑把にいえば大臣の仕事の一部を知事が代行しているということです。したがって、最終的な監督権は国にあり、知事が正しく仕事を進めていないと国が判断した場合、国は知事にきちんと仕事するよう指示できますが、それでも国の指示に従わなければ、高等裁判所（次の段階では最高裁判所）に提訴して、知事による行政処分（承認取り消し）の「違法性」を判断してもらうことになります。

裁判所によって、承認取り消しが法的に正しい行為と認められるなら、辺野古移設は不可能になります。翁長知事の「勝利」です。逆に、取り消しが法的に誤った行為だと認められれば、辺野古移設は堂々と進められます。政府の勝利です。一連の手続きは、地方自治法第二四五条に基づき「代執行」と呼ばれています。国は「代執行」の手続きを開始し、翁長知事も「望むところだ」という姿勢でしたから、沖縄県と政府との「闘い」は法廷に場を移して、雌雄を決することになりました。

不毛な訴訟合戦

翁長知事は国と徹底的に争う決意を固めました。２０１５年11月2日、知事は手始めに、埋め立て承認取り消しの効力を暫定的に停止した石井国交相の10月29日の決定を不服として、国地方係争処理委員会（委員長・小早川光郎成蹊大学法科大学院客員教授）に対し、審査の申し出書を提出しました。国地方係争処理委員会は、地方自治体に対する国の関与について国と地方自治体間の争いを処理することを目的に、総務省に置かれた第三者機関で、地方自治体は国の関与に不服がある場合、裁判所に訴える前に同委員会に提訴することになります（国は同委員会に訴えることはできません）。

これに対して、国（石井国土相）は、２０１５年11月17日、翁長知事の埋め立て承認取り消しは違法だとして、承認取り消し処分の取り消しを求め、福岡高裁那覇支部に提訴しました（本書では「代執行訴訟」と呼ぶ）。

ふたつの提訴が一時同時に進行するかたちになりましたが、２０１５年12月24日、国地方係争処理委員会は、埋め立てに関する「国の関与」（取り消し処分の停止など）を是正させるよう求めた翁長知事の申し出を門前払いしました。同委員会は、行政不服審査法に基づく行政上の行為は同委員会の審査の対象外であるとして、知事の申し出を却下したのです。なぜなら地方自治法第二四五条第三号カッコ書きで「審査請求、異議申し立てその他の不服申し立てに対する裁決、決定その他の行為」は「国の関与」から除外されているからです。

行政不服審査法と地方自治法を法令通りに解釈すれば、この門前払いは十分予想されていました。にもかかわらず翁長知事が国地方係争処理委員会に提訴したのは、先に触れた「国は、行政手続法や行政不服審査法の適用対象外」という自分たちの主張を「ひょっとしたら同委員会が認めてくれるかもしれない」という淡い期待に基づく行動だったと思われますが、期待はすっかり裏切られるかたちとなりました。

翌12月25日、翁長知事による「埋め立て承認取り消し」の効力を停止した石井国交相の決定の取り消しを求めて、国を那覇地裁へ提訴しました（本書では「抗告訴訟」と呼ぶ）。年が明けて２０１６年２月１日、国地方係争処理委員会の却下を受けて、翁長知事は、埋め立て承認取り消しの効力を国が停止したのは違法として、その取り消しを求める訴訟を福岡高裁那覇支部に提起しました（本書では「効力確認訴訟」と呼ぶ）。これで合計３件の訴訟が同時並行的に進むことになったのです。

これらの裁判の経過をたどる前に、辺野古埋め立て承認の取り消しをめぐる翁長知事の主張を詳しく見ておきましょう。

翁長知事は、仲井眞前知事の埋め立て承認に「瑕疵《かし》」があるとして承認を取り消しました。承認手続きにミス（瑕疵）があるということです。国はこの承認取り消しは違法だと主張しました。違法確認訴訟では、この瑕疵の有無が争われることになりました。前知事の仲井眞氏は、２０１５年11月９日にテレビに出演し（ＢＳフジ「ＰＲＩＭＥ ＮＥＷＳ」）、「埋め立て承認に法的瑕疵はまったくない」と繰り返し強調しています。

翁長知事がいう「瑕疵」の根拠となるのは、知事が設置した「普天間飛行場代替施設建設事業に係る公有水面埋立承認手続に関する第三者委員会」（以下「第三者委員会」と略す）の報告書（７月16日付）です。同報告書は、辺野古埋め立ては、（１）公有水面埋立法に定められた「埋め立ての必要性」に合理的な疑いがある、（２）埋め立てによる利益と不利益を比較衡量《こうりょう》した場合、国土利用上の合理性に欠ける、（３）環境保全に十分配慮していない、（４）「生物多様性国家戦略２０１２─２０２０」など法律に基づく既存の環境保全計画に違反している可能性が高い、したがって、承認には「法的瑕疵がある」としていました。

そもそも第三者委員会は法的に位置づけられた存在ではなく、翁長知事の私的諮問機関に過ぎないものでした。最終的に決断を下したのは翁長知事です。知事は「公平を期すために設けた機関」と述べましたが、なんのための公平かは明らかにはしませんでした。判断の客観性を形式的に担保するため同委員会を設けたことはわかりますが、「あらゆる手段を用いて辺野古を阻止する」という翁長知事の姿勢に沿って、「瑕疵がある」ことを前提に設置された委員会であるともいえました。

同委員会の報告書は、埋め立ての必要性の審査と公有水面埋立法第四条に定められた3つの要件の審査について「瑕疵があった」としていました。

まず、「埋め立ての必要性」について同委員会は、移設先としてなぜ辺野古が選ばれたのか、合理的な説明がないのに埋め立てを承認したことを問題にしています。

国は、（1）在沖海兵隊は抑止力の重要な構成要素である、（2）沖縄は戦略的な観点から地理的な優位性を有する、（3）普天間基地の海兵隊ヘリ部隊を、沖縄所在の他の海兵隊部隊と切り離して運用することはできない、といった理由から、普天間基地の県外移設は困難であるとし、同基地の危険性を速やかに除去するために、（１）滑走路を含め必要な用地を確保できる、（２）既存の提供施設・区域（キャンプ・シュワブ）を活用できる、（３）関係する海兵隊の施設が近くにある、（４）移設先の自然・生活環境に最大限配慮できる、という条件を考慮しながら、移設先として辺野古を選んだ、と説明しています。しかし第三者委員会は、これらの点について、国から納得しうる合理的な説明がなかったので、辺野古埋め立てには正当な理由はなく、それを承知しつつ埋め立てを承認した行為に法的瑕疵がある、と結論づけました。

埋め立ての承認は国土交通省が管轄する法定受託事務に過ぎません。つまり、国土交通省に代わって県が代行する仕事です。にもかかわらず、第三者委員会は、県に与えられた本来の権限を越えて国の専権事項である国防政策のあり方を問題にし、国防政策に疑問がある以上、埋め立て承認はできなかったはずだと主張したのです。

埋め立て承認の経緯を検証してみると、仲井眞知事時代の埋め立て申請審査に関する中間報告（２０１３年11月12日付）には、「埋め立ての必要性については、その判断が法定受託事務の裁量の範囲を逸脱するか否かがポイント」と書かれています。つまり、県当局には、公有水面埋立法に関わる承認手続きはあくまで法定受託事務であり、国防論争に結びつくような論点を当該事務に持ち込むことは裁量権（権限）の逸脱になりかねない、という認識があったことになります。

その認識を裏づけるように、最終的な審査結果（２０１３年12月23日）では、国防に関わる論点を回避し、埋め立ての必要性について国の主張をそのまま受け入れています。首長が辺野古移設問題についていかなる主張を持っていようとも、埋め立てという法定受託事務に際して、自治体が国防に関わる論点を国に対して提起するのは、その裁量の範囲を大きく逸脱し、逆に「法的瑕疵」を指摘されかねない行為となります。仲井眞前知事はこの点を十分承知していたと考えられますが、第三者委員会は、国防にまで踏みこんで判断すべきだったと主張したのです。

第三者委員会は、「国土利用上適正且《かつ》合理的である」とした要件に照らしても、埋め立て承認には瑕疵があるとしていますが、ここで使われている論理も「埋め立ての必要性」について展開したものとほぼ同一で、自治体としての裁量権を逸脱するよう求めてしまうものです。そもそも政府の方針に「瑕疵がある」として承認を取り消すこと自体が、県の裁量の範囲を越えていますが、同委員会にはそうした認識が欠けていました。

第三者委員会は、環境保全に関わる要件の審査にも瑕疵があったと断定しました。国による埋め立て承認申請書の環境保全に関わる部分や環境影響評価報告書に対して、仲井眞前知事や県環境生活部が、「環境保全は不可能である」「環境保全については重大な懸念がある」といった意見書を示している点に着目し、埋め立てが環境を破壊すると知りながら県当局は申請を承認したとして、同委員会はこれを「重大な瑕疵」としました。

が、仲井眞前知事による埋め立て承認には留意事項が付されており、環境保全に最大限配慮することが埋め立て承認の条件とされていたのです。留意事項がある以上、仲井眞前知事による承認の判断を「重大な瑕疵」と決めつけることはできません。承認審査のプロセスで知事や県側に「環境保全は不可能である」「環境保全については重大な懸念がある」といった評価があったことは事実ですが、国と県とのやり取りの中で、その懸念は払《ふっ》拭《しょく》されたと知事が判断し、条件付きで承認したということになりますから、問題はクリアされたかたちです。

裁判での争点にはなりませんでしたが、辺野古以外の埋め立て承認の事例を見ても、翁長知事の姿勢に矛盾を感じざるをえません。前章で触れたように、仲井眞前知事は、辺野古の埋め立て承認から間もない２０１４年１月９日、沖縄総合事務局（政府の出先機関）から申請された、那覇空港第二滑走路建設に伴う那覇市大嶺海岸の埋め立てを承認しています（埋め立て面積は辺野古と同じ160ヘクタール）。

辺野古埋め立てで瑕疵があったとされる「埋め立ての必要性」の要件に関連していえば、「那覇空港公有水面埋立承認願書」の「必要性」を記入すべき箇所には「滑走路を新設するためには新たな公有水面の埋立てにより当該用地を確保せざるを得ない」とだけ書かれています。つまり、滑走路新設の「必要性」については触れられておらず、「埋め立てが必要となる理由」として挙げられているのは「滑走路のための用地取得が困難だから」のみです。ただし、添付図書（「法第四条第三項の権利を有する者に関する図書」）を読むと、那覇空港における旅客輸送量、貨物輸送量、航空機発着回数などの増大、つまり需要増の予測が第二滑走路建設の背景にあるとは読み取れますが、これはあくまでも添付図書であって、正規の「埋め立てが必要な理由」ではありません。

辺野古では、滑走路の建設の動機となる国防政策に合理性がないので「埋め立て承認には瑕疵がある」とされましたが、那覇空港の埋め立て承認では、滑走路の必要性すら問われていないのです。同じ埋め立て事業なのに、辺野古と那覇空港ではまるで取り扱いが異なるのでは二重基準となり、沖縄県の行政機関としての信頼性は大きく揺らぎます。翁長知事は、この「二重基準」を是とする立場をとっていることになるのです。

翁長知事の支援者は、〈翁長知事を選挙で選んだことで、辺野古についての沖縄の民意は「反対」が明確となった。承認取り消しは当然である〉としばしば主張します。しかしながら、公有水面埋立法の承認要件に「民意」は入っていません。仮に民意を尊重することが必要だとしても、沖縄県や名護市全体が選挙を通じて「移設反対」の民意を示す一方、直接の移設先となる名護市辺野古区など地元は事実上受け入れを表明しており、どちらの民意に正当性があるかを判断する必要があります。が、この判断も公有水面埋立法の範囲を越えています。埋め立て承認をめぐる訴訟に関する限り、民意は決定的な争点になりません。

また、辺野古では自然保護・環境保護の観点からも埋め立て承認に瑕疵があるとされましたが、先に触れたように、仲井眞前知事が辺野古と同じく埋め立て承認した、那覇空港第二滑走路の工事でも、自然環境や生態系は大きな影響を受けます。ここでも第三者委員会の論理に分はありません。

和解勧告の裏側で

以上のように司法の場では「国の有利、沖縄県の不利」が予想され、実際、裁判も沖縄県の思うようには進んでいませんでしたが、福岡高裁那覇支部の多見谷寿郎《たみやとしろう》裁判長は、2016年1月29日、国（原告）が沖縄県（被告）を訴えた代執行訴訟の第三回口頭弁論終了後、非公開で協議の場を設け、被告（沖縄県）双方に和解を勧告しました。誰もが予想しなかった和解勧告に、関係者は一様に驚きました。

多見谷裁判長は、国による訴訟提起の18日前に、東京地裁立川支部の部総括判事から福岡高裁那覇支部に異動してきたばかりでした。形式的には他地域の裁判官の辞職に伴う「玉突き人事」でしたが、辺野古移設反対派のあいだでは「安倍政権が送りこんだ刺客」ともいわれ、国に有利な判決を導くよう訴訟を指揮する、と警戒されていたのです。その多見谷裁判長が、よもや「和解」を勧告するとは、反対派も容認・推進派も想像していなかったのです。

しかも、和解案には根本和解案（A案）と暫定和解案（B案）とがあり、沖縄県よりも国に対して厳しい内容だといわれていました。３月に入ると、ようやくその全容が明らかになりました。

〈前文―篠原による要約〉

目下、沖縄対日本政府という対立の構図になっているが、双方ともに反省すべきだ。沖縄を含めオールジャパンで最善の解決策を合意して、米国に協力を求めるのが本来の姿だ。仮に本件訴訟で国が勝ったとしても、延々と続く法廷闘争のなかで国が勝ち続ける保証はない。県が勝った場合には、普天間飛行場の返還は難しくなる。以上の理由から和解案を２案提示する。まずは、Ａ案を検討し、否である場合にＢ案を検討されたい。

〈個別和解案―原文のママ〉

Ａ案　被告は埋立承認取消を取り消す。原告（国）は、新飛行場をその供用開始後三十年以内に返還または軍民共用空港とすることを求める交渉を適切な時期に米国と開始する。返還等が実現した後は民間機用空港として国が運営する。原告（国）は、埋立工事及びその後の運用において、周辺環境保全に最大限の努力をし、生じた損害については速やかに賠償することとする。国は、普天間飛行場の早期返還に一層努力し、返還までの間は、特段の事情変更がない限り、普天間爆音訴訟一審判決に従って、任意に損害を賠償する。被告（県）は、原告（国）がこれらを遵守する限りにおいて埋立工事及びその後の運用に協力する。

B案　原告は、本件訴訟を、沖縄防衛局長は原告に対する行政不服審査法に基づく審査請求をそれぞれ取り下げる。沖縄防衛局長は、埋立工事を直ちに中止する。原告と被告は違法確認訴訟判決まで円満解決に向けた協議を行う。被告と原告は、違法確認訴訟判決後は、直ちに判決の結果に従い、それに沿った手続を実施することを相互に確約する。

〈和解条項―抜粋、※は著者による補足〉

1　原告、被告は同事件をそれぞれ取り下げ、各事件の被告は同取り下げに同意する。

（※２０１５年11月2日に国が提訴した代執行訴訟、２０１６年2月1日に沖縄県が提訴した承

認取り消しの効力確認訴訟をそれぞれ取り下げる）
2　利害関係人沖縄防衛局長（以下「利害関係人」という。）は、被告に対する行政不服審査法に基づく審査請求及び執行停止申立てを取り下げる。利害関係人は、埋立工事を直ちに中止する。（※２０１５年10月14日に沖縄防衛局から国交相に対して行われた審査請求・執行停止申し立てを指す）
3　原告は被告に対し、本件の埋立承認取消に対する地方自治法二四五条の七所定の是正の指示をし、被告は、これに不服があれば指示があった日から一週間以内に同法二五〇条の一三第一項所定の国地方係争処理委員会への審査申出を行う。
5　同委員会が是正の指示を違法でないと判断した場合に、被告に不服があれば、被告は、審査結果の通知があった日から一週間以内に同法二五一条の五第一項一号所定の是正の指示の取消訴訟を提起する。
6　同委員会が是正の指示が違法であると判断した場合に、その勧告に定められた期間内に原告が勧告に応じた措置を取らないときは、被告は、その期間が経過した日から一週間以内に同法二五一条の五第一項四号所定の是正の指示の取消訴訟を提起する。
8　原告及び利害関係人と被告は、是正の指示の取消訴訟判決確定まで普天間飛行場の返還及び本件埋立事業に関する円満解決に向けた協議を行う。
9　原告及び利害関係人と被告は、是正の指示の取消訴訟判決確定後は、直ちに、同判決に従い、同主文及びそれを導く理由の趣旨に沿った手続を実施するとともに、その後も同趣旨に従って互いに協力して誠実に対応することを相互に確約する。

結局、国も県も根本和解案といわれるA案は拒絶し、3月4日になって暫定和解案といわれるB案を受け入れることが決まりました。

政府が根本和解案を拒絶したのは、辺野古の滑走路に使用期限をつけること、使用期限終了後に軍民共用空港とすることが難しいと判断したからでした。沖縄県が根本和解案を拒絶したのは、期限つきとはいえ辺野古が普天間飛行場の移設先になってしまうからでした。

両者が受け入れたのは、ともするとたんなる解決の先送りになりかねない暫定和解案でした。が、暫定和解案を政府が受け入れたことについて、沖縄の地元メディアは「国の手続き上の瑕疵」を追及し、辺野古移設の不当性はますますはっきりした、という論陣を張りました。

逆に、これまで翁長雄志知事の姿勢を非難し、国による代執行を歓迎していた県民のあいだには「敗北感」が漂いました。国に対して、数か月にわたり工事停止を求め、「手続きのやり直し」を指示し、訴訟を起こすにしても、「代執行訴訟」ではなく「違法確認訴訟」にせよ、という内容でしたから、一見、国に不利な和解案に見えたことも事実です。しかし結論からいえば、暫定和解案は「翁長知事の敗北」を前提とした和解案としか受け取れないものだったのです。以下、その理由について解説します。

国は、２０１５年11月に、地方自治法第二四五条の八に基づき、国による代執行を前提とした県に対する「是正指示」を行いました。噛み砕いていえば、「県が埋め立て承認取り消しを撤回しないなら、国が県に代わって撤回することになります。そうならないよう、今のうちに撤回しなさい」というのが二四五条の八に基づく「是正指示」の意味です。

ところが、同法二四五条の七には、代執行を前提としない「是正指示」が定められています。二四五条の八で定められているのは、国による強権発動を県に対して予告する「是正指示」ですが、二四五条の七は県の自主的是正に期待する「是正指示」です。国は２０１５年11月の段階で、二四五条の七ではなく二四五条の八を適用すると閣議決定し、県に対してより強権的な「是正指示」を通告したのです。

なぜ国は二四五条の七を選ばなかったのでしょうか。その理由は二つあります。ひとつは、翁長知事の埋め立て承認の取り消しを是正しないという「決意」が固いため、自主的な是正を期待する二四五条の七に基づく指示には従わないと考え、より強権的な二四五条の八に基づく是正指示のほうが効果的であると判断したということ、もうひとつは、二四五条の七に基づく是正指示に不服であれば、県から国地方係争処理委員会に対する提訴が可能となってしまうということです。

二四五条の八に基づく是正指示であれば、県は不服であっても、規定により同委員会への提訴はできません。いきなり高裁に提訴するほかないのです。ところが、二四五条の七に基づく是正指示の場合、県は国地方係争処理委員会への提訴が可能であり、それでも決着がつかなければ高裁に訴えることができます。要するに県は二段構えで国と対峙できるのです。国としては二四五条の八に基づく是正指示であれば、国地方係争処理委員会を経由せず、したがって係争決着に要する時間を節約できることがわかっていたのです。

しかしながら、多見谷裁判長は、国によるこうした時間節約の行為を「拙速《せっそく》」と判断し、暫定和解案を作成しました。二四五条の七を飛ばして二四五条の八を適用することは違法ではありませんが、２０００年に施行された改正地方自治法には、「国と地方の関係は上下の関係ではなく対等である」という精神がこめられています。自治体の自主的是正に期待した二四五条の七を適用しないまま、代執行の手続きに移ることは、法の趣旨を軽視することにつながります。その点を多見谷裁判長は問題視したのでしょう。

だからといって、多見谷裁判長が、翁長知事の承認取り消しの適法性を認めたわけではありません。今回の裁判は、仲井眞知事の埋め立て承認に瑕疵があったという沖縄県の主張の正当性を争うものですが、多見谷裁判長は訴訟の過程で、環境問題の専門家など沖縄県側の証人申請を却下しています。これは、裁判長が「瑕疵」の中身まで、それほど積極的に踏みこむつもりはないと判断したことを意味します。言い換えれば、多見谷裁判長は、翁長知事の行為は、公有水面埋立法上の埋め立て承認に関わる要件からして、最初から違法性が強いと見ていたということです。

和解がない場合、多見谷裁判長は「国の法律上の手続きには問題があるが、翁長知事の承認取り消しは違法」という、すっきりしない判決を下すことになったでしょうが、時計の針を戻して（つまり、両者に仕切り直させて）、国には二四五条の七に基づく是正指示を行わせ、県には国地方係争処理委員会に提訴させた上で、あらためて裁判に持ち込むことになれば、手続き的な問題は解消され、「翁長知事の承認取り消しは違法」という、より明快な判決を下せることになります。

前例のほとんどない裁判ですので、判決が判例として長く参照されることを想定しながら、多見谷裁判長は暫定和解案を示し、問題の輪郭《りんかく》をはっきりさせようとしたのでしょう。

この「仕切り直し」には別の効果もあります。工事の中断は和解条項の一つとなっていますが、翁長知事は工事中断により「辺野古反対の実績づくり」ができる上、結論も先送りできます。そもそも知事は何らかの勝利への展望を持って、この事態に臨んできたわけではありません。翁長知事の姿勢は、良くいえば、闘いながら国の失点や政治環境の変化を待っているだけ、悪くいえば、ろくに何も考えずに政治力学の海を漂っていただけです。敗訴が濃厚な段階に入っていましたから、ある種の「救済措置」であるこの機会を、翁長知事が逃すはずがありません。

行き詰まった知事に、裁判所と安倍政権が手を差し伸べたかたちになりました。知事がこのまま敗訴したとしても「工事中断」という実績は評価されます。少なくとも保守層の支持者から「翁長さん、よくやった！」という声がかかるようにするためには、最善の選択だったのではないでしょうか。

代執行訴訟で翁長知事を追いつめるつもりだった安倍政権にとっては、ちょっとした番狂わせとなりましたが、翁長知事をこのまま厳しく追い詰めるよりも、手を差し伸べて誘導するほうが得策と考えたことは間違いないでしょう。影響力は低下しているとはいえ、知事は県民のあいだで依然として根強い支持を受けています。知事に暴れ馬のような政治行動に訴えられると、２０１６年５月の伊勢志摩サミット、７月の参院選に影響が出る可能性が高く、そういった事態を回避するために、この和解案を利用しようとしたことは明らかです。

また、多見谷裁判長が指摘したように、一連の裁判で今回、国が勝訴しても、辺野古移設の設計に変更が生じた場合、再び知事の承認が必要となります。現状のままでは、設計変更に対し翁長知事の承認を得られない可能性がある以上、辺野古移設作業は大幅に遅延してしまいます。もちろん、知事のあらたな「不承認」に対して、国が訴訟を起こすことも可能ですが、その場合は攻守が逆転する可能性も残されています。

国に大幅な譲歩を迫る和解案でしたが、ここではまず和解案を受け入れ、一見迂回的に見える地方自治法第二四五条の七に基づく違法確認訴訟で闘う選択をしたほうが、「普天間基地の危険性除去」という目的達成の近道になる、と政府は判断したのでしょう。政府は「実」をとる戦術を取ったのです。

実は一連の和解条項のうち、もっとも重要かつ決定的なのは第九条項でした（前掲）。

原告及び利害関係人と被告は、是正の指示の取消訴訟判決確定後は、直ちに、同判決に従い、同主文及びそれを導く理由の趣旨に沿った手続を実施するとともに、その後も同趣旨に従って互いに協力して誠実に対応することを相互に確約する

この条項は、国と沖縄県とが争う裁判を、地方自治法第二四五条の七に基づく違法確認訴訟のみに一本化し、その判決に、国も県も「従う」と誓わせるものです。翁長知事は「あらゆる手段を用いて辺野古移設を阻止する」という決意を述べてきましたが、これ以上の知事の抵抗は、この条項によって制約されるはずでした。「はずでした」というのは、２０１６年12月に裁判が国の勝訴で終わってからも、翁長氏は抵抗姿勢を崩さなかったからです。

が、この和解案を受け入れた時点では、翁長知事は敗北を認めたのも同然の状態だったのです。第九条項には「同判決に従い、同主文……の趣旨に沿った手続を実施するとともに、その後も同趣旨に従って互いに協力して誠実に対応することを相互に確約する」と

あったからです。この条項には「設計変更の場合も承認する」という含意がありました。これは「一度《ひとたび》敗訴したらもう抵抗はしない」という意味です。従って「政府は和解案受け入れによって追い詰められた」といった、当時のメディアなどの評価は誤っていました。暫定和解案は、実は政府にとって有利な案だったのです。

知事の司法軽視と二枚舌

３月４日に両者が和解案を受け入れてから、国と県との司法上のやり取りは、（１）国も県も高裁に提起していた訴訟を取り下げ、（２）翁長知事の埋め立て承認取り消しに対し、石井国交相が是正を指示（３月16日）、（３）国交相の是正指示を不服として、翁長知事が国地方係争処理委員会に審査申し出（３月22日）といった経過を順調にたどりました。

ところが、２０１６年６月17日、和解案が想定していなかった事態が起こりました。国地方係争処理委員会が、翁長沖縄県知事による「辺野古埋め立て承認取り消し」を撤回するよう、国が出した是正の指示について、「違法かどうか判断しない」と結論したのです。

国の指示の適法性・違法性を判断すべき同委員会が、判断を留保したのはきわめて異例といえる事態ですが、同委員会は「国と沖縄県は、普天間飛行場の返還という共通の目標の実現に向けて真摯《しんし》に協議し、双方がそれぞれ納得できる結果を導き出す努力をすることが、問題の解決に向けて最善の道だ」との見解を公表しました。

「善意に基づいて中庸《ちゅうよう》を選んだ」とも思える結論ですが、二つの点で大いに疑問が残されました。

国と沖縄県が、長年にわたって話し合いながらも対立を解消できなかったからこそ、国が埋め立て承認取り消しの撤回を沖縄県に求め、これに承服できなかった沖縄県が国地方係争処理委員会に、国の指示の違法性について審査を申し出た、という経緯があります。適法性・違法性の判断を下すべき同委員会が判断を留保すれば、振り出しに戻ってしまいます。要するに、こじれた話し合いに見通しをつける使命を担っているはずの同委員会が、期待された役割を放棄してしまったのです。

福岡高裁の和解条項は、国地方係争処理委員会が適法性・違法性に関する判断を下すことを前提としていました。違法性の判断がなされなかった以上、和解案は軽視された恰好になります。結果だけを見れば、同委員会の決定は高裁による和解プロセスを妨害したことになります。

国は、国地方係争処理委員会のこうした決定にもかかわらず、高裁和解案の枠組みはなお維持されているという立場で、沖縄県側に訴訟の提起を求めました（6月20日の菅官房長官の会見）。国が和解案をなお有効だと判断していた背景には、国地方係争処理委員会の決定は、あくまでも「勧告」であってそれ自体に法的拘束力はなく、最終的な判断は裁判所に委ねられると考えたからです。問題は、訴訟提起の主体が「沖縄県であって国ではない」という点です。

対する翁長知事は、国地方係争処理委員会の決定を受け入れ、「委員会の判断を尊重し、県と問題解決に向けた実質的な協議をしてほしい」（6月18日）と国に対して要望し、6月24日には国に対して要望書を発出しました。つまり、同委員会の決定を尊重して、これ以上の提訴をやめ「国と協議する」という姿勢を示したことになります。

しかしながら、和解案でも国との協議は和解の条件となっており、そもそも協議の場は設けられていたのです。国地方係争処理委員会の意見をわざわざ尊重するまでもなく、予定通り高裁の和解案を尊重するよう求める国の姿勢のほうに、正当性があると考えざるをえません。

和解案に示されたプロセスをいったん受け入れたはずの翁長知事が、そのプロセスを台無しにした国地方係争処理委員会の決定を優先し、和解案に示された「提訴」を行わないことは、解決の先延ばしという批判を免れませんし、裁判自体を沖縄県にとって不利にさせる可能性が高まります。それでも、翁長知事はあえて訴訟に踏み切らなかったのです。

訴訟を提起しない県に痺《しび》れを切らした国は、7月22日、仲井眞前沖縄県知事が認めた辺野古埋め立て承認を、翁長現知事が取り消した件に対する国交相の是正指示に沖縄県が応じないのは違法として、「不作為」（国の指示に従わないこと）の違法確認訴訟を福岡高裁那覇支部に提起しました。

同日、沖縄防衛局は、沖縄本島北部訓練場の一部返還に伴う東村高江区での「ヘリパッド移設工事」を再開しました。詳細は次章に譲りますが、このヘリパッド移設工事に対する抗議運動が激化し、高江区周辺に大きな騒乱をもたらすことになりました。メディアは、連日、高江における「抗議運動vs機動隊」のようすを事細かに報道し、「政府の強権的なやり方が沖縄を苦しめている」といった印象が広がりました。人びとの関心は辺野古から、それまであまり知られていなかった高江に向かい、騒乱状態は年末まで続くことになります。

その前日の21日午前、首相官邸で開かれた政府・沖縄県協議会の席で、菅義偉官房長官が翁長知事に訴訟の提起を伝えています。これは、政府と沖縄県が受け入れた「暫定和解案」に定められた手順どおりの訴訟提起です。この和解案では、国と県は協議を進めながら、訴訟による決着も模索することになっています。地方自治法には訴訟を起こすにあたり「期限」も定められていますから、国の手順の進め方はけっして拙速とはいえません。

ところが、会合の後、翁長知事は記者団の質問に答え、「（国地方）係争委の結果を重く受け止め、首相らには真摯な協議を求めていた。法の規定で訴え可能な日を待っていたかのように提訴の判断が示されたことは非常に残念だ」と政府の対応を厳しく批判し、「協議が先かと思った。明日提起するのは係争委の考え方にもそぐわないものではないか」とも発言しています。

また、同日午後に内閣府で開かれた沖縄振興審議会後、沖縄防衛局が同日早朝に米軍北部訓練場のヘリパッド建設工事を再開したことに関する所感を記者団から問われ、「県民に大きな衝撃と不安を与えるものであり、誠に残念だ」「県民は長年にわたり過重な基地負担に耐えながら日米安保体制に尽くしてきているにもかかわらず、強行に工事に着手する政府の姿勢は到底容認できるものではない」「沖縄の米軍基地問題についての国の強硬な態度は異常とも言える」と強く批判しています（以上、翁長知事の発言内容は７月22日付の琉球新報、沖縄タイムス両紙に拠る)。

これらの発言を読むかぎり、国が沖縄県に相談もなく訴訟を提起し、(沖縄県東村での)ヘリパッドの工事を再開したように見えますが、事実は必ずしも翁長知事の発言通りではありません。一連の翁長発言に対し政府は怒りました。

まず、7月21日の政府・沖縄県協議会を終えた菅官房長官は、同日午後の記者会見において「普天間飛行場負担軽減推進会議及び政府・沖縄県協議会について」と題する文書を読み上げ、首相官邸のホームページにも掲載しています。

私(官房長官)からは、沖縄県が訴訟を提起しないのであれば、政府として司法判断を仰ぐ手続きと協議の手続きを並行して迅速に進めていくという和解条項の趣旨に照らし、明日、地方自治法に基づき、不作為の違法確認訴訟を提起する旨を伝えました。また、私(官房長官)から、国のこのような対応に関して、和解条項は有効であること、確定判決には従うこと、更に政府と沖縄県との協議については、引き続き、継続すること、このことについて知事に確認をいたしました。知事からは、異存がないとの発言がありました。いずれにしろ政府としては、引き続き、和解条項に従い、訴訟と協議の手続を並行して進めるなど、誠実に対応していきたい、このように考えております。

（出典　http://www.kantei.go.jp/jp/tyoukanpress/201607/21_p.html）

さらに、７月22日午後に行われた記者会見で、普段は冷静な菅義偉官房長官が語気を強めて、次のように発言しています。

「私から言わせれば、翁長知事がマスコミの皆さんの前で、（不作為に関する訴訟提起について）そのような発言をすることは、きわめて残念であり、昨日の沖縄県と国との協議会とは全く違うというふうに思っています」

「（ヘリパッドの建設について）私は知事から「反対をする」という言葉を聞いたことがありません」

翁長知事は、「国は県との協議に真摯に向き合わない」「国は県を軽視している」といった趣旨の発言を繰り返していますが、菅官房長官の発言を見るかぎり、裁判所の和解案を軽視し、協議会での協議内容・合意内容と異なる発言をして、平然としているのは知事の側です。政府との協議会では政府におもねり、沖縄二紙を前にした会見では沖縄二紙におもねっているとしか思えない姿勢でした。こうした姿勢を一般には「二枚舌」といいますが、メディアは知事のこの姿勢をほとんど追及しませんでした。

9月16日、福岡高裁那覇支部（多見谷寿郎裁判長）は、「沖縄県が、埋め立て承認取り消しという政府の是正指示に従わないのは違法」との判決を下しました。和解案が示された折には「政府不利、沖縄県有利」と報じていた地元メディアや辺野古移設反対派を中心に、今度は「高裁の不当判決」だという大合唱が起こりました。

多見谷裁判長による訴訟指揮のプロセスを見るまでもなく、適用される公有水面埋立法や地方自治法などを精査すれば、誰でも容易に、沖縄県が不利な立場にある状況はわかったはずですが、「辺野古移設阻止という願望の実現」を信じていた人びとは大いに落胆しました。翁長知事は早速上告し、国と闘う意思を改めて表明しました。

翁長知事が法廷で展開した主張は、①知事には前知事の埋め立て承認を取り消すことのできる裁量権がある、②前知事の埋め立て承認は、埋め立てそのものや用途の要件、環境保全に関する要件などを満たしておらず違法である、③辺野古埋め立ては沖縄の民意に反して進められているところから、憲法九二条や地方自治法に定められた地方自治の権利を侵しており、沖縄を不当に差別するものである、④沖縄県が、和解条項に定められた、承認取り消しの取り消しを行わず、国に対する訴訟を提起しなかったのは、国地方係争処理委員会の勧告を重視したからである、といったものでした。

これに対する多見谷裁判長の判決は以下のように要約できます。

（1）翁長知事は、埋め立て承認の違法性を判断できる立場にあるのか？

翁長知事には、前知事の埋め立て承認を違法であるとして取り消すための裁量権はない。違法・適法の判断は裁判所が下すべきことだ。

（2）国防・外交上の事項が埋め立ての要件となりうるのか？

公有水面埋立法の審査対象に国防・外交上の事項は含まれる。ただし、国防・外交上の事項は、国の本来的任務に属する事項なので、国の判断に不合理な点がない限り尊重されるべきだ。

（3）翁長知事は、「民意」を理由に前知事の埋め立て承認を取り消せるのか？

普天間飛行場の被害を除去するための選択肢は辺野古埋め立てしかない。また、辺野古埋め立てによって沖縄全体の基地負担は軽減される。埋め立てに伴う不利益や基地の整理縮小を求める沖縄の民意を考慮しても、埋め立ては違法ではない。

（4）前知事が認めた事後的な環境対策は違法ではないのか？

承認時点で十分な予測や対策を決定することが困難な場合は、引き続き専門家の助言の下に環境対策を講じることで埋め立てを承認できるとした前知事の判断は違法ではない。

(5) 前知事の埋め立て承認は違法か?

以上を勘案すると、前知事の埋め立て承認の審査に裁量権の逸脱・濫用《らんよう》があるとはいえず、埋め立て承認は違法とはいえない。ゆえに前知事の承認を取り消した翁長知事の行政処分は違法である。

(6) 沖縄県には「不作為の違法行為」の責任はあるのか?

遅くともこの訴訟が起こされた時点で、国からの是正指示に応える措置を沖縄県は講じなかった。是正措置をとらなかったことは「不作為」の違法行為にあたる。また、地方自治法の趣旨及び和解案の趣旨にしたがって、沖縄県は是正の指示の取り消し訴訟を提起すべきだった。国地方係争委員会の勧告に強制力はなく、不作為の違法行為とは無関係である。

判決は、裁判長が翁長知事の主張に逐一反論するようなスタイルであり、翁長知事の完敗でした。予想されたこととはいえ、自ら出廷して弁論した翁長知事の主張で、採用された部分はまったくありません。翁長知事は、公有水面埋立法や地方自治法を正しく理解しないまま、違法な行政処分を行ったことになります。

とはいえ、多見谷裁判長が、国の主張をここまで受け入れた判決を下すと予想していた人も少なかったと思います。国防は国の専権事項であり、地方自治体が口を挟める範囲は限られるといった認識を示すことは予想できましたが、筆者も、「普天間飛行場の移設先は辺野古しかない」という国の主張がそのまま判決文に反映されるとは、あまり考えていませんでした。その結果、「多見谷判決は沖縄の民意を踏みにじる不当判決」「多見谷は安倍の回し者」といった批判がＳＮＳを中心に沸騰しました。

多見谷判決を受けて、翁長知事は直ちに最高裁に上告しましたが、２０１６年12月20日、第二小法廷は全員（４名）一致で上告を棄却しました。翁長知事敗訴が確定したのです。

最高裁判決も、多見谷判決をおおむね踏襲したものでしたが、「辺野古しかない」という政府の主張には触れておらず、また憲法九二条などの憲法判断も下していません。

最高裁判決にあって多見谷判決で積極的に触れられなかったところは、前知事の埋め立て承認の正当性は、当時の状況に遡って判断すべきであるとした点、また埋め立て承認にあたっては、必要性及び公共性の有無や程度、埋め立てで得られる国土利用上の効用、埋め立てで失われる国土利用上の効用などを総合的に勘案すべきであり、埋め立てや埋め立て地の用途が、当該公有水面の利用方法として最も適正かつ合理的なものであることまでが求められるものではない、とした点だと思います。

多見谷判決、最高裁判決とも、見かけ上「沖縄の民意」を踏みにじったかのように見えることは否定できません。しかしながら、〈「米軍基地の必要性は乏しい、また住民の総意だ」として、都道府県全ての知事が埋め立て承認を拒否した場合、国防・外交に本来的権限と責任を負うべき立場にある国の、不合理とはいえない判断が覆されてしまう。国の本来的事務について、地方公共団体の判断が国の判断に優越することにもなりかねない〉（判決要旨）とした多見谷裁判長の考え方がもし誤りだとすれば、国防のみならず、政府と自治体の関係も機能不全を来してしまいます。

多見谷裁判長が追認した「普天間飛行場の移設先は辺野古しかない」という政府の主張については、筆者も疑問を持っていますが、事実上、辺野古移設が決まった１９９６年以降、鳩山内閣を含むすべての内閣と与党が、「辺野古」以外の場所への移設を公式見解としたことはありません。この事実は、重く受け止めなければならないでしょう。日本の民主主義を「是」とする立場を取れば、「辺野古しかない」という政府の主張は、日本国民の民意であるともいえます。その点を考慮すれば、多見谷裁判長の判断はけっして特異とはいえませんが、だからこそ「沖縄差別」なる批判が生まれたともいえます。地元メディアはもちろん、主要メディアも「多見谷判決は沖縄の民意を無視した不当判決」だと、厳しく批判しました。

が、ここでさらに留意しなければならないのは、普天間飛行場の辺野古移設が基地縮小計画の一環であり、普天間飛行場の潜在的危険性を回避するため、人口密集地にある基地を人口過疎地に移す計画だという点です。たとえ基地縮小計画が不十分だとしても、その計画を撤回するまで基地縮小は認めないというのでは、現状固定化への道を歩むだけです。現行の移設計画をまず達成しないことには、次の段階の基地縮小にも進めません。

ただ時間稼ぎをして、解決を先送りしただけ

しかしながら、翁長知事はそんなことを意に介さず、判決確定後、次なる一手を打ってきました。「あらゆる手段を駆使して辺野古移設（辺野古新基地）を阻止する」という知事の決意はブレていないようです。まず、辺野古とはまったく関係がないはずの那覇空港埋

め立て工事に「待った」をかけました。

先に触れたように、那覇空港第二滑走路建設のための埋め立て工事（事業主体：内閣府沖縄総合事務局）は、仲井眞前沖縄県知事、翁長現知事が共に先頭に立って推進してきた事業です。国に対して工期の大幅短縮を要請し、環境アセスメントなども辺野古より短期間で行われました。反対したのは共産党と一部の自然保護団体だけで、まさにこれこそ「（ほぼ）オール沖縄」といってもよい事業でした。ところが判決確定後、翁長知事は進められていた埋め立て工事を中断させたのです。

埋め立てに伴う岩礁破砕は、3年程度を目処《めど》に許可を得ることになっており、２０１４年2月14日に許可を得て進めてきた工事を継続するには、２０１７年2月13日までに許可を更新する必要がありました。内閣府は1月12日に許可申請を提出しましたが、県は更新ではなく「新規申請」という姿勢で臨み、1月25日に追加資料の提出や記載事項の修正を求めました。内閣府は2月8日に追加資料と記載事項を修正した書類を提出しましたが、県は許可を出さず、2月17日に再度、追加資料の提出を求めました。結果として期限が切れた2月14日以降、海上部分の工事は全面的に止まり、期限切れから20日以上たった3月9日にようやく許可がおりました。県当局は、東京五輪の開催年である２０２０年3月の供用開始には間に合うとの見方ですが、懸念する声も挙がっています。

２０１４年に仲井眞前知事が岩礁破砕許可を出した際の審査期間は8日間でしたが、今回は申請から2か月近くを要しました。なぜ那覇空港の埋め立てがこのように中断する事態となったのか？　その理由はひとえに「あらゆる手段を駆使して辺野古移設（辺野古新基地）を阻止する」という翁長知事の姿勢にあります。

というのも、辺野古の埋め立て工事に伴う岩礁破砕許可が、２０１７年3月末に期限切れを迎えることになっていたからです。通常の手続きを踏むなら、普天間基地の辺野古移設の事業主体である防衛省は、沖縄県に対して岩礁破砕許可の更新を申請することになります。行政の対応は「これまでも許可してきたのだから、これからも許可しましょう」となるのが普通ですが、工事を妨害したい翁長知事サイドは、以前よりも審査について厳しい態度で臨み、政府の許可申請を拒否する構えを取りました。

これまでの政府による岩礁破砕に、「沖縄県の出した許可を逸脱したやり方で進められている」「許可に違反する事項がある」といったかたちで瑕疵を発見し、それを根拠に許可を認めない方針で臨んだのです。

翁長知事は、那覇空港の岩礁破砕に関する許可申請の審査を前例として、辺野古の岩礁破砕にも厳しく対処しました。「那覇空港埋め立てはOK、辺野古埋め立てはNO」という矛盾を衝《つ》かれたくない翁長知事としては、「辺野古だけでなく那覇空港も厳しくやっている」という姿勢を示す必要があったのです。

最初から「結論ありき」の、行政のこうした対応には大きな問題があります。行政の公平性を著しく損なう姿勢であり、「法の支配」を支える諸制度を弄《もてあそ》ぶかのような仕業です。それでも、厳しくするも緩くするも知事の裁量権の範囲内と主張することはできますから、よくいえばしたたか、悪くいえば狡猾《こうかつ》な戦術といえます。

政府も、こうした翁長戦術を見越して、辺野古沖の漁業権を持つ名護漁協と、権利放棄の交渉を行い、2016年11月、6億円の賠償金と引き換えに、同漁協は漁業権を放棄しました。漁業法、水産資源保護法等を受けて制定された沖縄県漁業調整規則には、「漁業権の設定されている漁場内」で海底の地形を変更する場合、県の許可を得る必要があると明記されています。岩礁破砕は海底の地形を変更する行為に含まれますから、漁業権が設定されている場合は、許可申請が必須ですが、漁業権が存在しなければ、県の許可は必要ないというのが政府の認識です。

漁業法には、漁業権の分割や変更について県の許可を受ける旨が定められていますが

（第二二条）、漁業権の放棄について県の許可が必要か否かについては特段の定めがなく、同法第三三条によれば、漁業権の放棄は漁協の判断によって可能だと解釈できます。水産庁も「漁業権の放棄については県の許可は不要」との立場を取っています。岩礁破砕には県の許可が必要と定める水産資源保護法にも、漁業権との関連は記載されていません。

翁長知事は、漁業法第二二条に記載の「変更」には「漁業権の放棄」も含まれるとの立場を取り、政府に対して岩礁破砕の申請を求めましたが、政府はこれに応えませんでした。２０１７年６月１日付で「名護漁協による漁業権の放棄で、申請する必要はなくなった」との公文書を発信して、政府は許可申請を行わなかったのです。

「許可申請」が行われないまま政府が工事を続行したため、７月24日、翁長知事は那覇地裁に工事差し止めを提起しました。事態は再びもつれ始めたのです。

最終的に翁長知事は、「最後の宝刀」といわれる「辺野古埋め立て承認の撤回」に訴える可能性が高いといわれています。２０１７年３月24日、知事就任後初めて参加した辺野古ゲート前の反対集会で、知事は「埋め立て承認撤回」をやると明言したからです。

このあたりが少々ややこしいのですが、２０１６年12月に最高裁が最終的に「違法」と判断した、翁長知事による「埋め立て承認の取り消し」は、「承認プロセスに瑕疵があった」という理由で「取り消し」という行政処分を下したものでした。これに対して「撤回」は、「承認後、諸事情が変化した」ことに基づくものです。「諸事情の変化」には、仲井眞知事による埋め立て承認後、「辺野古移設に反対する名護市の稲嶺進市長や翁長知事が当選して、沖縄県の民意が辺野古反対で固まった」という事情が含まれることになるかもしれませんが、政府が埋め立て区域外で岩礁破砕をするなど、許可条件に反した行為を行っていれば「撤回」の有力な根拠になるといわれています。

翁長知事が、政府が進める工事に瑕疵があったとして埋め立て承認を撤回すれば、また工事は中断されます。この場合、政府は高裁に行政訴訟を起こし、再び最高裁の判断を待つことになります。辺野古移設の正当性にまで踏みこんだ、昨年9月の高裁判決を是とした最高裁の判断（上告棄却）を踏まえれば、翁長知事が勝訴する可能性は低いでしょうが、その間、工事は中断を余儀なくされます。

おまけに、翁長知事の対応次第では、この不毛な「訴訟合戦」は、今後も延々と継続する可能性があります。訴訟によっては、国が敗訴する可能性もあります。多見谷裁判長が懸念した、「仮に本件訴訟で国が勝ったとしても、延々と続く法廷闘争のなかで国が勝ち続ける保証はない。県が勝った場合には、普天間飛行場の返還は難しくなる」といった事態が実際に起きるかもしれません。

一連の事態の主たる原因が、翁長知事の「展望なき裁量権の濫用」にあることは明白です。辺野古移設問題の長期化は、普天間基地の撤去（危険性の除去）を遅らせるだけでなく、沖縄県の政治風土と民心を荒廃させ、税の壮大な無駄遣いを誘発します。

辺野古移設のプロセスに問題があるのはたしかで、辺野古が唯一最善の解決策とは私も考えていませんが、政治風土と民心の荒廃は、沖縄の未来に深い傷を残すことになるでしょう。


和解案を受け入れながら、訴訟の乱発によって事態の決着を、ただただ先延ばししようとする翁長知事の姿勢は、司法制度の軽視というより、もはや「蔑視《べっし》」であり、裁量権の著しい濫用です。「日米安保容認」を口にする一方、「沖縄ナショナリズム」を利用して、人びとを煽るような態度にも呆れます。

これほど品位と節度を欠いた政治家が、行政の長であることに驚きを禁じえません。翁長知事は「沖縄の品格」まで貶《おとし》めようとしているのです。

一連の翁長知事の姿勢に対して、菅義偉官房長官は、２０１７年3月27日午前の定例記者会見で「国家賠償法に基づく損害賠償請求を検討中」と述べたことが報道されました（3月27日付産経新聞「菅義偉官房長官『沖縄県知事への損害賠償請求あり得る』」）。

国家賠償法には次のように規定されています。

> 第一条　国又は公共団体の公権力の行使に当る公務員が、その職務を行うについて、故意又は過失によつて違法に他人に損害を加えたときは、国又は公共団体が、これを賠償する責に任ずる。二　前項の場合において、公務員に故意又は重大な過失があつたときは、国又は公共団体は、その公務員に対して求償権を有する

国が知事を相手取って損害賠償を求めるのは、異例の事態です。前例としては、佐賀商工共済協同組合の破綻《はたん》処理をめぐり、佐賀県が井本勇・前佐賀県知事を相手取って、損害賠償を求めた訴訟がありますが（佐賀県の勝訴・賠償額4億9000万円）、調べた限りでは、国が県知事個人に損害賠償を求めた例は見あたりません。

琉球新報、沖縄タイムスなどは「国が工事を強行するから損害が生じているのであって、翁長知事の責任を問うとは許せない」「翁長知事と沖縄県に対する恫喝《どうかつ》だ」といった主張

を展開しています。「権力の横暴」論ですが、菅官房長官の胸の内には、２０１６年12月に最高裁の判断が下された「辺野古埋立承認取消訴訟」（翁長知事の敗訴）に関わる司法上の約束を履行しないで、「埋立承認撤回」というあらたな行政処分に訴えた翁長知事に対する、ある種の憤りがあるのではないかと思います。先に触れたように、翁長知事は２０１６年３月４日に福岡高裁那覇支部によって示された暫定和解案を受け入れましたが、その和解条項に定められた「義務」を履行していないからです。その義務とは、先にも触れたように「原告（国）及び利害関係人と被告（沖縄県）は、是正の指示の取消訴訟判決確定後は、直ちに、同判決に従い、同主文及びそれを導く理由の趣旨に沿った手続を実施するとともに、その後も同趣旨に従って互いに協力して誠実に対応することを相互に確約する」というものでした。つまり、翁長知事による「埋め立て承認取消」が裁判で違法となった場合には（＝翁長知事敗訴の場合には）、知事は国による埋立事業に協力すると誓っているのです。

和解条項は司法的な「紳士協定」ですが、けっして無視して良いものではなく、一定の「強制力」があるとされています。ただし、罰則規定はありませんから、無視しても告発されるわけではありませんが、条項が「履行すべき義務」の性格を帯びていることは間違いありません。

翁長知事は「国との協力」という義務を放棄して、「埋め立て承認撤回」に踏み切るのですから、「きわめて悪質な司法軽視だ」といわれてもやむをえないでしょう。国から損害賠償訴訟が提起されれば、司法上の約束を違えている知事側の敗訴は濃厚です。翁長知事は数億円の損害賠償義務を負うことになり、給与や資産の差し押さえを受けることになりかねません。

ただ、「国が知事を直接訴えることが可能なのか？」という問題は残ります。法的には可能かもしれませんが、実際の手続きとしては、

（1）国が沖縄県に対して損害賠償を要求する
（2）沖縄県が国に対して支払った賠償額を、翁長知事個人が負担するよう求める訴訟を起こす

という二段階のプロセスを経るのが常識的だからです。知事個人にいきなり損害賠償を求めても、支払い能力を理由に応じない可能性もあります。そうなると国民の被った損害

が放置されたままになります。損害を確実に賠償させるためには、まず県に賠償請求して支払ってもらう必要があります。

翁長知事個人への損害賠償が問題となるのは、その次の段階です。沖縄県は、国への支払い額について、翁長知事に対する損害賠償請求訴訟を起こすことになります。が、沖縄県は翁長知事に対する求償権を行使しない（訴えない）可能性もあります。この場合は、国家賠償法や地方自治法に基づき、住民が求償を求めて提訴する必要があります。最終的には住民訴訟になる可能性が高いということです。

おそらく翁長知事は、個人的な損害賠償義務を負ってでも「国と闘う」と決心したのでしょう。「自分の懐を痛めても沖縄を守る」という姿勢を見せれば、県民の同情や尊敬を集めて、次の選挙戦も有利に闘えます。数億円で知事に再選されるなら、けっして高い買い物とはいえません（ただし、２０１７年8月2日現在、翁長氏は続投を表明していません）。

おまけに翁長知事は、賠償のための資金を調達することもできます。資金源が「辺野古基金など支援者からの寄付」になるか、「金秀、かりゆしグループからの寄付」になるのかはわかりませんが、支援者は翁長知事を強力にバックアップするでしょう。ただ、資金調達の方法によっては、その合法性・適法性が問われることになります。つまり、その後も訴訟が続く可能性もあるということです。翁長知事は、生涯、訴訟を抱えて生きる道を選ぶことになります。

一方で「埋め立て承認撤回」も、今後訴訟になることを忘れてはいけません。国は「翁長知事による承認撤回」を違法だとして訴えることになります。翁長知事は「民意の変化」を理由にこの撤回訴訟を闘うつもりでしょうが、民意は埋め立ての要件に入っていません。「地方自治の本旨」（自治権の最大限の尊重）や「県民の福祉」を盾に闘うつもりかもしれませんが、いったんは和解案を受け入れて、それを履行していないのですから、やはり埋め立て承認撤回訴訟も、翁長知事にとって不利に進む可能性が高いと思います。

したがって、結果的に辺野古移設作業は、さらに遅れながらも予定に沿って進められることになるでしょう。辺野古移設には数々の問題があることは事実ですが、20年以上にわたり遅々として進まなかった基地縮小を前に進めることこそ、なにより重要です。政府は「代替案はすべて検討した」という立場ですが、いったんは移設に合意した沖縄県側が、その後具体的な代替案を示したことはなく、「県内移設反対」を唱えるだけです。

翁長知事が事態を打開するには、具体的な代替案を示すほかありませんが、知事の行動をサポートする弁護士の猿田佐世《さるたさよ》氏が事務局長を務めるシンクタンク「新外交イニシアティブ（ＮＤ）」が２０１７年２月27日に明らかにした辺野古代替案についても、知事はとくに言及していません。もっとも、この代替案も、沖縄海兵隊の主力となる戦闘部隊・31ＭＥＵ（第31海兵遠征部隊）の移設先が「未定」とされているなど、けっして十分な代替案とはいえませんが、県が代替案について政府と協議する際のたたき台にはなります。

が、そうした動きは今のところ出ていません。翁長知事は「政府が代替案を示すべき」といいますが、「沖縄県とは辺野古移設について合意済み」とする政府が、今後、代替案を示す可能性はまったくありません。であるなら、民進党、共産党などを動かして、野党による「辺野古移設代替案」をあらたに提案させてもよさそうなものですが、そうした動きも一切ありません。

「反対だから取り下げろ」の一点張りでは事態を膠着させるだけですが、そのことをわかっていて「反対」だけを唱え続けるのは、他力本願の誹《そし》りを免れませんし、時間稼ぎと「事態の膠着」を望んでいると取られてもやむをえません。勝ち目のない訴訟漬けという迷路に、県民を放り込んでいるだけです。

もっとも、訴訟に負け続けて体面を失っても、翁長知事は「国家権力と闘った偉人」として沖縄の歴史に名を残すかもしれません。そうなれば実に目出度《めでた》いことですが、同時に

「辺野古移設を阻止できなかった知事」または「非常識な手段を駆使して知事の座を守った政治家」として、歴史に汚名を残す可能性もあると指摘しておかなければ、フェアではないでしょう。

「沖縄 vs. 日本」という不毛な構図を下敷きにした翁長氏の政治的パフォーマンスが、果たして県民と国民に真の幸福をもたらすでしょうか。その答えはもう出ています。

第5章　琉球独立運動の悲劇——沖縄ナショナリズム批判

壊された石碑

かつて那覇は美しき浮島の都でした。その景観を象徴したのが、現在ロワジールホテル那覇のある三重城《みえぐすく》から明治橋にかけて連なっていた小島群です。島々が石橋や堤防で結ばれた様は、中国（明・清）からきた冊封使《さくほうし》（中国皇帝の使者）や欧米の船乗りたちの旅情を誘ったと伝えられています。

埋め立てで浮島の失われた今でも、漆黒の夜にわずかな光陰が滲《にじ》みだす暁方《あかつきがた》の那覇港に臨み、重々しい潮の香とともに、水面から蜻蛉《かげろう》のごとく湧きたってくる海霧のなかに身を置けば、朦朧《もうろう》と浮かびあがる海岸線の佇まいに、ただただ息を呑むことがあります。

東シナ海の光と闇と香りが、乾いた心のなかに狂おしく重なる、幻想の沖縄です。誰も見たことのない、そして誰もが見ることができる、本物の沖縄です。

そんな浮島のひとつ、古地図（『沖縄歴史地図』所収）では「臨海寺」と表記されたところに、沖宮《おきのぐう》（「おきのみや」とも）という神社がありました。沖縄でも由緒ある神社のひとつです。明治末以降、那覇港はすっかり埋め立てられ、今や昔日《せきじつ》の面影もありませんが、沖宮は紆余曲折《うよきょくせつ》を経て現在は奥武山《おうのやま》公園のなかに鎮座しています。

防衛省沖縄関係予算の補助を受けて建設された沖縄セルラースタジアムなど、スポーツ施設が集中することで知られる公園ですが、この奥武山も明治初期まで、那覇港の内側に広がる内海・漫湖（干潟）に浮かぶ小島だったのです。

沖宮は、明治41年に那覇港から安里（国際通りの東端）に移設されましたが、沖縄戦で消失、戦後に現在地へ移設されています。奥武山という土地そのものとの結びつきは薄いのですが、敷地内とその周辺には由緒ある御嶽《ウタキ》（＝聖地）なども点在しています。

２０１２年の春、私はこの奥武山公園を散策していました。沖宮につながる小道を歩いていたら、緑の茂みのなかに焼却用ドラム缶があり、その裡《うち》に隠れるように、小さな石碑が置かれていました。よく見るとふたつに割れてしまっています。誰かが割れ目を合わせ、周囲から石で支えたようで、かろうじて石碑と認識できる状態でした。「修復」にしてはずいぶん乱暴なやり方です。石碑には漢文の碑文が刻まれていましたが、風雪を経ているため、拓本でもとらなければ読めそうもありません。

気になって社務所で訊ねてみました。

「あの割れた石碑は由緒あるものなんですか？」

「あれはウチの石碑じゃないんです。下のほうにあるお墓に立っていたものだと思うんですが、誰かが故意に割って、ウチの敷地内に放置したらしいんです」

「じゃあ、石碑はそのお墓の持ち主のものなんですね？」

「ウチのほうでもお墓の持ち主に連絡をとって、引き取っていただくようお願いしたんですが、対応していただけなかったんです。で、あそこに仮置きしているんです」

「下のほうにあるお墓」を探しに向かいました。お墓は、公園内の通路からすぐのところにあり、難なく見つかりました。一礼してから、中を覗かせてもらいました。お墓というよりも記念碑です。小さな大和墓のようなものもありましたが、「平」と一文字だけ刻まれた石碑と、説明文の入った石碑が建てられていました。

〈当間家の先祖　伊地知重陳は　八十六才の輝かしい生涯を、奥武之山で終えた。昭和四十八年五月若夏国体開催のため、墓を移すことになり、子孫一同の総意でゆかりの地、奥武之山に祈念碑を建立して、遺徳を永く偲ぶこととした。　昭和51年3月8日〉

想像力をかき立てられる碑文でした。「伊地知《いじち》」という姓から察するに、おそらくは王朝時代から沖縄と関わった薩摩藩士の家系だと推測できます。沖縄で薩摩藩士に関わる墓を見つけたことに驚きました。しかも伊地知家といえば薩摩の名家です。沖縄史に関わる伊地知姓でいえば、伊地知貞馨《いじちさだか》（1826―87年）が有名です。薩摩藩士としても明治政府官吏としても沖縄に関わり、琉球在番（沖縄駐在）として、琉球処分にも立ち会っています。琉球王府から賄賂をとった咎《とが》で、盟友・大久保利通に免職されたという経歴もあります。

貞馨は、1878年に『沖縄志略』『沖縄志』という著作も発表しましたが、これは「琉球処分」に備えた沖縄研究だといわれています。歴史や政情だけでなく、丁寧な絵図入りで沖縄固有の動植物も紹介するなど、「沖縄エンサイクロペディア」の古典とでもいうべき書物ですが、いずれにせよ、貞馨が相当な沖縄通であったことは確かです。が、貞馨は旧姓を「堀」といい、1862年に幕府の嫌疑を受けたため、藩命で「伊地知」に改姓していますので、伊地知家とは血縁関係はありません。

1609年の薩摩による琉球侵攻から20年ほど後の1628年、現在の那覇市西に御仮《うかり》屋《や》とも呼ばれる薩摩の在番奉行所が置かれ（那覇市西1丁目2―16　琉球光和ビル付近）、20名程度の薩摩藩士が常駐しました。支配者として威張り散らし、民に嫌われる藩士もいたようですが、琉球に馴染んで島々を愛するようになった藩士も少なくなかったといわれています。

奥武山の碑文に刻まれた重陳《じゅうちん》は、どんな由来をもつ人物なのでしょうか？　やはり薩摩藩士の家系なのでしょうか？　それとも唐人の子孫たちの住んだ久米の隣町・若狭にあったという、ヤマトーンチュ租界の住人が先祖なのでしょうか？　そして、当間姓を名乗るようになったのはなぜなのでしょうか？

いずれにせよ何らかの事情で、伊地知重陳は沖縄に住みつき、その子孫たちが家名を誇りにしつつ、当間と改姓して繁栄していることは、まちがいありません。

他方で、その伊地知家の石碑を破壊した人物もいます。それも最近のことです。その人物は薩摩による支配を許せなかったのでしょうか？　その恨みは薩摩侵攻から400年以上経った今でも爆発するほど根深いものなのでしょうか？　当間家（伊地知家）の方々は、なぜ壊された石碑を元の場所に戻し、修復しないのでしょうか？

史料をあたってみると、当間家は、薩摩（大隅）出身の伊地知家に連なる士族で、琉球王朝時代から戦後にかけて要職に就いた家系であることがわかりました。初代那覇市長の当間重慎《じゅうしん》、第二代琉球政府行政主席で第10代・第15代那覇市長も歴任した重剛《じゅうごう》（重慎の子）、第13代那覇市長の重民《じゅうみん》（重慎の子・重剛の弟）もこの一門でした。

当間を名乗る伊地知家の出発点は、薩摩の琉球侵攻後まもなく派遣された伊地知重陳（1591～1676）であることがわかりました。記念碑にその名を刻まれている人物です。大隅国国分出身の重陳は、薩摩藩家臣団の一角・畠山家を祖とし、その血筋は桓武平氏秩父氏系だと伝えられています。重陳は、畠山二郎重忠の三十一世孫、伊地知大膳《だいぜん》正重の三男です。父である伊地知大膳の名も薩摩藩史に出てきますから、伊地知家が戦国の争乱から江戸時代に至る島津氏を支えた家柄だということは想像に難くありません。フルネーム（大和名）は伊地知太郎右衛門重陳。またの名（琉球名）は平啓祥。奥武山の石碑の一つに「平」という文字が刻印されているのは、そうした由来のためだったのです。

重陳の経歴については不明な点が多いのですが、琉球に渡ったのは薩摩侵攻の翌年にあたる1610年、19歳のときだといいます。薩摩の代官所といえる「在番奉行所」が那覇港近くに設置されたのは1628年のこと、重陳が来琉したときはまだ、在番奉行所はなかったことになりますが、最初の「大和横目《やまとよこめ》」に任じられました。

大和横目は、薩摩士族と那覇士族の両方から選ばれる役職です。薩琉関係に関わる者や交易船（大和船）の監視などがおもな業務で、薩摩から任命されることになっていました。

1634年に重陳は、「豊見城間切《とみぐすくまぎり》当間（当間）の地頭職」に任ぜられました。これは「豊見城という行政区域（現在の豊見城市）のなかの当間という地域の領主に就任した」という意味です。17世紀末の間切整理で、当間村は豊見城間切から離れ、新設の小禄《おろく》間切（現在の那覇市の一部）に属するとされましたが、今の地図に対照すると、空港に隣接した自衛隊基地の周辺、赤嶺の交差点近くの一帯です。

このとき、重陳は薩摩藩から琉球王府に移籍したと解すべきでしょう。今様にいえば、当初は「琉球支店への転勤」、役職を与えられた時点で「現地法人への出向・栄転」、そして最後は「支配関係にある別会社への転籍・幹部就任」ということになるのでしょうか。「伊地知」から「当間」への改姓も、このときに行われたものと推定できます。

重陳は黒糖と鬱金《ウコン》の専売制度（私的売買を禁じ、薩摩への輸出が制度化された）を確立したほか、対明貿易の中止と寛永通宝の普及にともなって死蔵されていた薩摩の鋳貨・加治木《かじき》銭《せん》を琉球に移入し、改鋳して流通させました。加治木銭のように、円形で真ん中に四角い穴が開けられている小型鋳貨は、形が鳩の目に似ていることから、鳩目《はとめ》銭と呼ばれています。

重陳のいちばんの業績は、この鳩目銭を琉球に導入したことにあるといわれています。

またの名を当間銭というのは、重陳に因《ちな》んだものです。先に触れたように、当間銭はもともと加治木銭と呼ばれる薩摩の鋳貨が原型です。加治木銭の詳細はまだわかりませんが、薩摩による対明貿易の決済手段として考案されたようで、天正年間（１５８２）～寛永13年（１６３６）までの約50年間、薩摩を中心に出回ったという記録があります。

「寛永通宝」（１６３６年創鋳）のように中央政府（幕府）のお墨付きをもらった通貨ではなく、あくまで私鋳貨であり、それほど普及しませんでした。私貨幣といえば、民間企業である香港上海銀行の発行する香港ドル紙幣を思い浮かべますが、加治木銭はまだ貨幣経済が浸透する前の段階の鋳貨であり、基本的には貿易決済手段の性格をもつものと理解してよいでしょう。領内や九州各地でわずかながら流通した痕跡はあるようです。

鳩目銭はコイン自体に金銀が含有されない粗悪な鋳貨でしたので、一枚当たりの価値は低く、琉球では４００枚から１０００枚を藁《わら》の緡《さし》で束ねて使われていたといわれています（日本銀行貨幣博物館ＨＰより）。束ねたものを封印して使用されたことから封印銭とも呼ばれます。封印銭は、沖縄本島各所、八重山・竹富島などで出土しているので、そこそこは流通したのでしょう。

そもそも薩摩の琉球支配の思惑は、戦国末期に自分たちが放棄せざるをえなかった対明貿易を、「独立国」を偽装した琉球に代行させ、利を吸い上げるところにありましたから、重陳は加治木銭を琉中貿易に転用しようと考えていた可能性はあります。が、進貢船《しんこうせん》（琉球の遣わした船）・御冠船《うかんせん》（中国の遣わした船）による琉中間の交流も途切れがちな時期だったので、結果的にもくろみどおりにはいかず、貿易決済手段ではなく地域内通貨として用いられるようになったのかもしれません。

沖縄市池原には重陳の事績を伝える石碑がありました。1655年に加治木銭を薩摩から譲渡され、翌56年に鳩目銭を造った（改鋳した）という記録が残されていますが、石碑の文字は摩耗して判読できません。なお、沖縄市の説明では1657年改鋳となっていますが、王朝の歴史を綴った『球陽《きゅうよう》』からは1656年と読み取れます。

琉球では、古琉球時代に鋳造されたという「中山通宝《ちゅうざんつうほう》」「大世通宝《たいせつうほう》」「世高通宝《せこうつうほう》」「金園世宝《きんえんよほう》」などが知られていますが、中国から流入してきた銭貨のほうが優勢だったという話です。当間銭が中国銭貨を補うものだったのかどうかわかりませんが、品質はあまり信頼されていなかったようです。鋳造からほどなくして、日本本土から入ってきた「寛永通宝」に主役の座を明け渡すことになりました。

唐が、寛永通宝が主役の時代となっても、当間銭はその役割を変えて生き残りました。

船（中国船）が入港するたびに、王府は寛永通宝を回収して、蔵で保管されていた当間銭を代替貨幣として放出したのです。これは、日本の属国であるという事実を中国（清）に知られないようにするための隠蔽工作でした。

当時の琉球は「日中両属」、つまり形式的には中国の朝貢国（冊封国）、実質的には薩摩の従属国（附庸《ふよう》国）という立場でした。ただし、巷間《こうかん》いわれているような薩摩の奴隷国ではなく、自治性・主体性はきわめて強かったのではないかと思います。諸政策の枠組みは幕府と相談の上、薩摩が決めますが、具体的な政策のほとんどは王府が意思決定し、責任を持って実施・運用する仕組みだったと見てよいでしょう。

とはいえ、薩摩との関係はやはり支配・被支配の関係であることに変わりありません。中国側はかなり早い段階でこの事実に気づいていたようですが、琉球側は「バレていない」と信じていて、来航が近い段階ともなれば、寛永通宝を必死になって回収しました。

１８１６年に来琉した英軍人ベィジル・ホールの記録（『朝鮮・琉球航海記』）では「琉球には貨幣はない」となっています。王府は英国にも日本との関係を知らせたくなかったでしょうから、このときも銭貨の回収と交換を考えたのでしょうが、なにしろ突然の来航です。回収交換作業はとてもまにあいません。そこで、大慌てで「銭貨を使うな」という指令を出したのではないでしょうか。その結果、銭貨そのものがホールの目にとまることはありませんでした。王府の役人はホッと胸をなで下ろしたにちがいありません。重陳も、自分が苦労して造った鋳貨が、まさか隠蔽手段として生き残るとは思ってもみなかったでしょう。

重陳が薩摩から琉球に転籍した事情は不明です。琉球側の史料はその事実をたんたんと記しているのみです。薩摩藩の史料のなかにヒントは隠されているかもしれませんが、支配する側から支配される側に移る以上、かなりの覚悟で下した決断だったでしょう。いずれにせよ薩摩藩上層部から転籍の命令がなければ実行されない人事だったはずです。薩摩藩のそうした辞令・命令が拒絶できる類のものだったのかどうかもわかりません。

19歳と若くして琉球に派遣された重陳ですから、地元の女性との「恋愛→結婚」が絡んでいる可能性もあります。つまり、恋愛の末結婚して国元（薩摩藩）に転籍願いを出し、それが認められて辞令が交付されるという手順です。王府の側が、経済政策にたけた人材を求めた可能性も否定できません。王府内の人材では不足しているから、薩摩藩に重陳を譲ってくれるよう要請した可能性もあります。

もっと深読みすれば、王府の意思決定に深く関わる久米人（中国から渡来した人びとの末裔・琉球では特権的な階層だった）とのバランスをとる必要性を痛感した指導者がいたのかもしれません。つまり、久米人の集団に対して薩摩人（大和人）の集団を対置しようという発想です。薩摩侵攻時から明治初期・中期までひきずられた王府内の「中国派 vs. 薩摩（大和）派」という対立の構図に関係する人事だったということです。

渡辺美季《わたなべみき》氏と上里隆史《うえざとたかし》氏が作った家譜データベースを検索したら、伊地知家だけではなくほかにも「転籍組」がいたことがわかりました。以下は那覇士族（沖縄の士族は首里士族、那覇士族、久米士族、その他となっている）の家譜から抽出した例です。なお、一次史料を参照していないので、データの並べ方は十分ではありません。その点はお断りしておきます。

- 道雪入道（経受徳／仲村柄ナカンカリ親方／通称・道雪入道／兼詮）薩摩藩主の命で琉球に移住し、重陳と並び初代大和横目に就任。
- 吉見吉左衛門（吉氏／諸見里親雲上／喜納筑登之親雲上）：父は薩摩久志出身の商人。
- 華子幹（根指部親雲上／盛治与座筑登之親雲上）：父は隈本九郎右衛門。１６３１年に薩摩から渡琉。琉球人になり、運天と名乗る。筆造りを伝えたといわれる。
- 工善事（仲元筑登之親雲上・喜長）：父は薩摩小根占町の妹尾五右衛門。島津仲殿の家来。

2世喜道は1775年に薩摩に渡り祖父・妹尾五右衛門の後を継いだ。

・荀古奥（工氏／仲元筑登之親雲上／大嶺筑登之親雲上／詮雄）：父は薩摩の島喜右衛門。
・丸田自昌（上地親雲上／宗元／渡久地筑登之親雲上）：父は薩摩の丸田十郎左衛門。
・幸開基（思仁王兼才／幸田筑登之）：父は薩摩鹿児島の藤原氏門田各二郎兼通。
・武氏（我如古筑登之親雲上）：薩摩小根占大濱村の坂口武右衛門の妻が始祖。
・宇氏（思加那／仲浜筑登之親雲／仲尾次家）：薩摩久志の仲村宇兵衛の妻が始祖。

「転籍」のルートは種々あるようで、ここに掲載されたデータを見る限り、薩摩藩による下命があったかどうかまではは っきりわかりません。士族もいれば寄留商人もいます。出自がよくわからない事例もあります。薩摩人の妻が始祖となっている例もありますが、滞琉中に夫と死別し、そのまま居残ることが認められたのでしょうか？　いずれにせよ、これらのデータからは、薩摩人集団を意図的・組織的に形成しようとした形跡はみあたりませんが、想像力は大いにかきたてられます。

明治以降、本土から派遣された役人が沖縄の要職に就くというのは珍しくありませんし、仕事で沖縄にやってきてそのまま住みついた人も少なくありませんでした。ところが、身分制や居住条件が今よりはるかに硬直化していた17世紀に、沖縄へ移住した本土の人びとが多数存在し、その中に王府の政策決定に関わる要職に就いた人物までいた、というのはちょっとした驚きでした。

当間家は、米軍占領期ではありますが、行政のトップに立つ人物まで輩出しています。沖縄史の研究者や郷土史家、沖縄で執筆活動する作家の方々からは、「お前はそんなことも知らなかったのか」と叱られるでしょうが、沖縄の歴史に関心がある者でも、こうした事実を知る者は多くないと思います。

それにしても当間家の石碑はなぜ壊されたのでしょうか？　壊したのは何者なのでしょうか？　薩摩に連なるその家系を許せないものと考えたのか、それとも、当間重慎、重剛、重民父子が、米民政府や支配階層の意向に沿って動いたことを恨む者の仕業なのでしょうか？

とくに重剛は、戦後沖縄の大衆的ヒーローともいえる政治家・瀬長亀次郎《せながかめじろう》と敵対したことでも知られる主席であり、市長でした。そのことを今もって根に持つ者がいるのかもしれません。当間一門の側も、この石碑を修復し、元の場所にもどそうとはしていませんが、もはや過去を蒸し返したくない、という思いがあるかもしれません。ちょっとした「琉球・沖縄ナショナリズム」の気配も感じてしまいました。

注目したいのは、当間一族のように、大和出身で移住して活躍した士族が存在したという「事実」です。沖縄には「琉球人は純血種」と信じる人が少なくありませんが、「琉球士族の血統」に属する者ばかりが、琉球・沖縄史の原動力ではなかったのです。この点は、とくに強調してよいと思います。

ところが、21世紀のこの沖縄では、琉球人としての血統を重んじる思潮が広がりつつあります。その代表が「琉球独立運動」です。

「琉球独立学会」という名の政治結社

2013年5月15日、「琉球民族独立総合研究学会」が設立されました。報じられた設立の趣旨は「檄文《げきぶん》」ともいえるものでした。以下、長くなりますが、抜粋して引用します（同学会ホームページより）。

1609年の薩摩侵攻に端を発し、1879年の明治政府による琉球併合以降、現在にいたるまで琉球は、日本、そして米国の植民地となっている。琉球民族は、国家なき民族（stateless nation）、マイノリティ民族（minority nation）となり、日米両政府、そしてマジョリティのネイションによる差別、搾取、支配の対象となってきた。（中略）

日本人は、琉球を犠牲にして、「日本の平和と繁栄」をこれからも享受し続けようとしている。このままでは、我々琉球民族はこの先も子孫末代まで平和に生きることができず、戦争の脅威におびえ続けなければならない。また、日本企業、日本人セトラーによる経済支配が拡大し、日本政府が策定した振興開発計画の実施により琉球の環境が破壊され、民族文化に対する同化政策により精神の植民地化も進められている。これは奴隷的境涯である。（中略）

琉球民族の独立を目指し、琉球民族独立総合研究学会を設立する。本学会の会員は琉球の島々に民族的ルーツを持つ琉球民族に限定する。本学会は「琉球民族の琉球民族による琉球民族のための学会」である。（中略）

日米によって奴隷の境涯に追い込まれた琉球民族は自らの国を創ることで、人間としての尊厳、島や海や空、子孫、先祖の魂（まぶい）を守らなければならない。新たな琉球という国を創る過程で予想される日本政府、日本人、同化されてしまった琉球民族、各種の研究者等との議論に打ち勝つための理論を磨くためにも琉球民族独立総合研究学会が今ほど求められている時はない。

我々は国際人権規約共通第一条に規定された「人民の自己決定権」に基づき、琉球独立という本来の政治的地位を実現することを目指し、市民的及び政治的権利に関する国際規約の第18条「思想、良心及び宗教の自由」、第19条「表現の自由」、さらに第27条「少数民族の権利」に拠って、琉球独立に関する研究を琉球民族として推し進めていく。

琉球史上はじめて創設された琉球独立に関する学会の活動によって、琉球民族が植民地という「苦世《にがゆー》」から脱し、独自の民族として平和・自由・平等に生きることができる「甘《あま》世《ゆー》」を一日も早く実現させるために本学会を設立し、琉球の独立を志す全ての琉球民族に参加を呼び掛ける。

同学会の設立発起人には、新川明《あらかわあきら》（元沖縄タイムス社長）、知念《ちねん》ウシ（むぬかちゃー＝ライター）、高良勉《たからべん》（詩人）、野村浩也《のむらこうや》（広島修道大学教授）、友知政樹《ともちまさき》（沖縄国際大学教授）、桃原《とうばる》一彦《かずひこ》（沖縄国際大学教授）、まよなかしんや（歌手）、親川志奈子《おやかわしなこ》（沖縄大学講師）、大田昌秀（元沖縄県知事）、宮里護佐丸（琉球独立運動家・琉球弧の先住民族会会長）などの面々が名を連ねています。

元知事や元地元紙社長などの名前もありますが、音頭をとったのは龍谷大学経済学部の松島泰勝教授です。ポストコロニアルの立場から、島嶼経済を論じてきた経済学者です。野村浩也、友知政樹、桃原一彦氏などの学究も、程度の差こそあれ、ポストコロニアル論に傾倒した社会科学分野の論考を発表しています。

彼らは、「琉球は日本と米国の植民地であり、両政府による差別、搾取、支配の対象」と認識しています。自らを「奴隷」と規定し、「奴隷」の地位に留めている日米からの離脱（自己決定権の確立）を希求しています。つまり独立です。独立が可か不可かを研究するのではなく、独立は規定の方針であって、その具体化のための道筋を研究するのが、この学会の目的となっています。

「奴隷」とは穏やかならぬ表現です。なぜなら、一般に奴隷とは「人間としての権利・自由を認められず、他人の私有財産として労働を強制され、また、売買・譲渡の対象ともされた人」（大辞泉）とされるからです。また、オーストラリアのNGOであるウォーク・フリー・ファンデーションによって毎年公表されている『世界奴隷指標』が説明する「現代の奴隷制」とは、「脅迫、暴力、強要、権力の悪用、ペテンなどの手段により、家畜のような扱いを受ける人びとが、拒否できない、あるいは逃れられない搾取の状況」を指し、その形態には、「強制労働」「人身売買」「強制結婚」などがあるとされています。「財産」（あるいは「モノ」）のような扱いを受けて人格や人権を否定され、経済的に搾取される人びとが「奴隷」です。こうした定義や説明に則れば、「琉球民族」が奴隷ではないことは明らかです。日米政府が奴隷として「琉球民族」を搾取したという事実などはもちろんありません。

仮初《かりそ》めにも学会と称する組織の趣意書で、「奴隷」という言葉の意味を吟味しないまま、この言葉を使うなどありえないことです。慣習的な用語法ではなく、現状を構造的に分析する用語法として用いたのだとしても、「奴隷」という言葉を使うことに正当性はありません。「奴隷」という言葉の主観的で扇情的な使用は、完全に常識を逸脱しています。この学会が「政治結社」であり、その趣意書が、たんなる「政治的アジテーション」にすぎないことを明確に示しています。

一言でいえば、独立による圧政と差別からの解放が、政治結社たる同学会の期するところですが、会員は「琉球の島々に民族的ルーツを持つ琉球民族」に限定されています。民族的ルーツとは、この場合、「血」の問題と解して差し支えないでしょう。「琉球民族」の血が混じっていれば誰でも入会を認められるのか、「琉球民族」以外の血が混じっていたら入会を認められないのかは判然としませんが、いずれにせよ「血の証明」を求められることになります。

両親ともに「大和民族」なら、たとえ沖縄生まれ、沖縄育ちであっても入会できません。先に触れた当間家のように「始祖」が大和であっても、代を重ねて沖縄に根付いていれば、「琉球民族」と認められるかもしれませんが、父祖が他民族との結婚を繰り返したことにより、他民族の血が色濃く残っているケース、他民族の養子や出生の経緯がはっきりしないケースはどう扱うのでしょうか。本稿の冒頭に書いたような、当間家に見られる事例の歴史的集積が、琉球・沖縄史の一角を占めているとすれば、血による差別・区別など、なんの意義ももたない気がします。

このように「血」によって入会を制限することには、様々な問題と恣意《しい》的な解釈がつきまといます。任意入会の組織だとしても、独立を目指す政治結社の色合いが強い以上、血による峻別をここで是認してしまえば、その行く末にはあらたなる差別という暗雲が立ちこめている、というほかありません。

「大和」による差別を理由に「琉球」による差別を肯定している、少なくとも趣意書を読むかぎり、こうした「差別の連鎖」に対する想像力がほとんど欠けています。彼らの頼みとする「大和」の応援団（識者）も、このことを指摘していません。驚くべき「知の頽《たい》廃《はい》」「知の自己破産」です。

「血の証明」を求められる「政治結社」の主張を、偏狭な「沖縄（琉球）ナショナリズム」といわずして、なんといえばよいのでしょうか。

同学会設立の記者会見では、「経済」「行政」のあり方も含めて、これから議論するというような説明もありましたが、「経済」「行政」を真剣に考え始めたら、生半可の独立論はたちまち潰《つい》えてしまいます。沖縄の県民総生産の4割は、補助金など本土から流れこんでいるお金が原資です。沖縄の経済的自立一般を論ずるのは良いとしても、本土依存のこうした経済構造を考えると、今のところ「独立」を高らかに謳うことなどとてもできる状況にはありません。彼らは「基地のない沖縄の経済発展」に期待していますが、補助金依存の財政、格差の大きな所得分配、第二次産業を欠いた産業構造を改善できる見込みのない現状で「独立」を掲げることはむしろ危険です。

〈基地がなければ経済発展するという議論は虚妄である。基地は絶対悪と位置づけ、経済発展がなくとも基地返還を要求すべき〉といった趣旨の発言を続ける来間《くりま》泰男《やすお》沖縄国際大学名誉教授の主張ならわかりますが、琉球民族独立総合研究学会の共同代表である友知政樹沖縄国際大学教授は、「全基地返還で沖縄には莫大な経済効果がもたらされる」とたびたび主張しています。琉球独立後の経済がバラ色であるかのような幻想を振りまく同学会の「理論武装」は、狭量な沖縄ナショナリズムと表裏一体の、杜撰《ずさん》な設計図にすぎません。

安全保障についてもしかりです。翁長知事が「沖縄の自己決定権」の回復を求めて、ジュネーブの国連人権理事会でスピーチした直後の２０１５年9月27日から28日にかけて、琉球独立総合研究学会の松島泰勝、友知政樹の両氏は、ニューヨーク大学で琉球独立をテーマとするシンポジウムを開催し、国連本部前で琉球独立を要求するデモンストレーションを決行しました。国連や国際社会への働きかけを強めることで、「琉球民族は先住民族ではない」という立場を取る日本政府に、琉球民族を先住民族として認めさせ、独立の素地を作るという趣旨に基づいた活動です。しかしながら、彼らは琉球が国家として成立した後の安全保障について、展望をもっているわけではありません。

２０１７年3月22日に同学会が国連人権高等弁務官事務所（ＯＨＣＨＲ）および国連人権理事会（ＵＮＨＲＣ）に提出した文書には、以下のように記されています。

琉球民族は本質的に独立しており、国際人権両規約ならびに「社会権規約（経済的、社会的及び文化的権利に関する国際規約）」の共通第一条において保障された「自己決定権」を行使できる法的主体である。琉球の地位や将来を決めることができるのは琉球民族のみである。琉球は日本から独立し、全ての軍事基地を撤去し、新しい琉球が世界中の国々や地域、民族と友好関係を築き、我々琉球民族が長年望んでいた平和と希望の島を自らの手でつくりあげる必要がある。（出典：琉球独立総合研究学会「普遍的・定期的審査〔UPR〕第28回　２０１７年11月６日〜17日　利害関係者による提出：日本国における人権状況について」２０１７年３月22日提出）

ここで表現されているのは「非武装中立」の理念です。理念自体を論ずることは、責められることではありませんが、国家として独り立ちしたとき、理念は政策化しなければなりません。彼らのいう「すべての国々との友好関係」を政策として具体化することに、どの程度のリアリティがあるのかが問われます。

「日本よ、アメリカよ、沖縄から出ていけ」という主張は、現在の安全保障体制に対する異議申し立てですが、沖縄の独立は東アジアにおける国際関係を一変させることは確実です。米軍基地の全面撤去は、日本だけでなく、台湾・韓国の安全保障にも大きな影響を与えます。中国政府の報道機関・人民日報の国際版「環球時報」は、しばしば琉球処分の「不当性」を訴える記事を掲載し、沖縄の帰属問題は決着していない、あるいは琉球は独立国である、という論調によっていますが、この学会を支援する記事を掲載したことでも知られています。

沖縄が本当に独立したら、とくに台湾の立場は厳しくなります。中国は沖縄の意思に関係なく、沖縄への介入を強めています。それは「沖縄のため」ではなく、台湾併合を目的とした自国の権益のためだと考えるのが自然でしょう。沖縄が独立することになれば、東アジア内の力関係を左右する小国となることは間違いありませんが、それが沖縄の人びとにとって吉となる保証など何一つありません。中国の朝貢国だった「琉球」の復活は、東アジアの緊張関係を高めることになりかねません。

「奴隷」という言葉を安易に用いる不用意さだけでなく、経済的観点からも、また安全保障という観点からも、同学会の「理論武装」はまだまだ未熟さを免れていません。それどころか、彼らの活動は、差別を助長し、県民・国民を分断するだけに終わる可能性もあると思います。

設立初期の段階では、独立という共同幻想の問題と個人としてのアイデンティティの問題を一緒くたにして、ひとつの鍋を囲んでみんなでグツグツ煮ているのがこの学会の姿だと思っていました。ところが、個人幻想としての「独立国・琉球」を共同的な幻想にまで広げられると信じて行動するうちに、ゆっくりとですが、県民のあいだに「独立志向」が広がりつつあります。

同学会の行く末には、彼ら自身の「悲劇」を読み取ることしかできません。組織内外における学術的・客観的・現実的な論争を欠いたまま、政治結社としての実績づくりに走る、その姿勢の先には憎悪の未来像が見え隠れしています。こうしたインテリ組織の最大の欠陥は、歴史上何度も繰り返されてきたように、大衆像を描ききれないまま、先頭を突っ走ってしまうことです。

「血統主義を土台に差別と闘い、平和を勝ち取る」といった姿勢で突っ走るのだとすれば、あらたな差別や極端な武闘を生みだす、狭量で排外主義的なナショナリズムや血統ファシズムと、なんら変わりません。

彼らは「世界平和の要になるのは非武装琉球である」と主張し、「武装蜂起」や「テロリズム」などを掲げているわけではありませんが、自らの「被差別的地位」を強調することで、「ヤマトーンチュ」や「日本《やまと》に同化された琉球民族」に対する、あらたな差別の種を許容してしまう政治結社に、「沖縄の未来」や「世界平和」を語る資格があるとはとても思えません。むしろドイツ第三帝国（ナチス）の時代の血なまぐさい歴史を繰り返す恐怖すら感じられます。

「沖縄アイデンティティ論」の危険性

沖縄の政治家も、これまでしばしば「独立」を口にしてきましたが、近年では「沖縄（琉球）のアイデンティティ」という言葉がしきりに強調されるようになっています。翁長雄志沖縄県知事は「イデオロギーよりアイデンティティ」を合い言葉に「オール沖縄」をまとめようとしました。翁長知事は、琉球処分以来の「日本による沖縄の植民地化」のプロセスに触れながら「アイデンティティ」を強調しています。

知事のいうアイデンティティとは、琉球民族としての（血の）アイデンティティであると考えて差し支えないと思います。翁長氏の主張は、〈大和民族に抑圧されてきた琉球民族は、今なお辺野古移設問題で日本政府に差別され、蹂躙《じゅうりん》されている。今こそ党派を超えて沖縄アイデンティティを確立し、大和に対峙せよ〉といっているように聞こえます。政府の譲歩を引き出すための、政略的な思惑の主張だとしても、けっして穏やかなものとはいえません。琉球独立運動の主張と大きく重なっているからです。

そもそも「アイデンティティ」とは、「自己同一性」と訳される心理学用語ですが、「ある集団への帰属意識」（あるいは「集団の持つ共有価値へのこだわり」）を指す言葉でもあります。いうまでもなく「沖縄アイデンティティ」とは沖縄への帰属意識を意味することになります。

もう少し踏みこんでみると、アイデンティティを問う「私はいったい何者であるか」という設問の、「何者であるか」の部分を根拠づける、あるいは担保する外的かつ有機的な存在として「沖縄」が選ばれている状態を「沖縄アイデンティティ」と呼んでいいと思います。

台湾の国際政治学者である林泉忠《りんせんちゅう》氏（中央研究院近代史研究所）は、琉球大学在職中に「沖縄住民のアイデンティティ調査（２００５～２００７）」（『政策科学・国際関係論集』第９号・２００９年）という論文を書いています。林氏は、西銘順治《にしめじゅんじ》氏の知事時代の発言「（沖縄の心とは）ヤマトーンチュになりたくて、なり切れない心だろう」（１９８５年７月20日付朝日新聞「新人国記」）を引き合いに出して、ヤマトーンチュとウチナーンチュのアイデンティティのあいだで揺れ動く沖縄の人びとの心情を、社会調査法によって明らかにしています。それによれば、沖縄の人びとは、（1）沖縄県民、（2）ウチナーンチュ、（3）沖縄人、（4）日本人、（5）日本国民、（6）県下各地域（島）への帰属意識、といった六つものアイデンティティを持つというのです。沖縄地域の人といった意味の（2）と沖縄（琉球）民族といった意味の（3）の境界は必ずしも鮮明ではありませんが、これだけの数の選択肢があるというのは、むしろ健全なことかもしれません。人によってアイデンティティは異なるということを示しているからです。

明治以降の近代化・現代化のプロセスで甚大な犠牲を払ってきた沖縄の人びとの心情を思うと、西銘順治氏の「（沖縄の心とは）ヤマトーンチュになりたくて、なり切れない心だろう」という発言には共感を禁じえませんが、この発言から30年以上たった今、琉球独立論さえ伴う「沖縄アイデンティティ」という観念が、政治の表舞台で強調される現状には大きな危惧を抱きます。林泉忠氏の研究で明らかにされているように、沖縄の人びとの個人的アイデンティティはそれぞれ異なるのに、「琉球人の血統」あるいは「琉球民族」こそ、沖縄における唯一の集団的アイデンティティのごとく政治家が強調するのは、人びとを大いに惑わすことになります。沖縄のように同調圧力の強い地域ではなおさらです。

ここであらためて確認しておきたいのは、アイデンティティには二様の意味がある、という点です。ひとつは先に触れた個人的なアイデンティティです。人が何らかのアイデンティティを持つことは必要なことでしょう。時に、アイデンティティの対象は、故郷のこともあれば、国（国家）のこともあります。家族のこともあれば、血統や民族のこともあります。もちろん、宗教や主義主張のこともあるでしょう。「個人の趣味」がアイデンティティであるケースも珍しくありません。個人的なレベルで、人がどのようなアイデンティティを持ったとしても、それは責められることではなく、アイデンティティの対象は人それぞれ異なり、濃淡もそれぞれ異なります。

もう一つは、特定の集団的（共同的）なアイデンティティです。「沖縄アイデンティティ」とは、もちろんこの集団的なアイデンティティを指しています。特定の集団または地域で広く共有されているアイデンティティですが、個人のアイデンティティの集積あるいは総和とは異なります。「沖縄アイデンティティ」のような民族意識は自然発生的なものではなく、その意識を浸透させようという政治的な操作がなければ、人びとが広く共有することはないからです。

アイデンティティを特定の集団的・共同的な観念の共有に求め、それが集団の政治課題として浮上すると、同じ観念を共有しない人びととの間に軋轢《あつれき》が生じます。個人の自由を最大限尊重する理念である自由主義と敵対するからです。集団的アイデンティティが、万人に幸せをもたらすとは限りません。

独立や自己決定権の獲得を目的に「琉球民族」としての集団的アイデンティティを求めるのは、プラトンなどの示した「国家有機体説」にも通ずる考え方です。教科書に倣《なら》った言い方をすると、国家を、個人を越えた有機体であると認識し、その国家という有機体によって初めて個人の存在証明が得られるといったプラトン的国家観を「国家有機体説」と呼んでいます。簡単にいえば、個人より国家に重きを置く考え方です。集団的アイデンティティの追求は、図らずもこの「国家有機体説」への接近を想像させます。

国家有機体説の究極的な姿は、第二次世界大戦時のドイツや日本の歴史的経験のなかに見られます。帝国あるいは天皇のために国民は命を惜しまないという心情はその表出です。これは、国家という近代の体系に名を借りた「犠牲の体系」です。

戦後日本を念頭に置いた一般論でいえば、私たちはもはや「犠牲の体系」の時代に逆戻りすることを望んでいません。国家が個人に優るという考え方ではなく、個人と国家の関係を対等と見なす、より自由主義的な国家像が選ばれてきたのです。民族間・宗教間・イデオロギー間の争闘に個人が巻き込まれ、犠牲になるような時代は「もう勘弁願いたい」というのが、私たちのあいだに浸透してきた考え方です。

政治家や識者が、集団的アイデンティティである「沖縄アイデンティティ」の共有を前提に「団結」を求めることは、「犠牲の体系」である国家有機体説への回帰を彷彿とさせます。沖縄アイデンティティに対する危惧は、血族集団を重視し、個人の自由が制約されることに対する危惧であり、沖縄の人びとを、敵として対象化した「異民族」との闘いに駆り立てかねない愚行です。彼らは、「基地は米国と日本によって沖縄に押しつけられてきた。沖縄こそ犠牲者だ」という論理を展開しますが、犠牲の歴史に決着を付けるために、あらたな「犠牲の体系」を持ちだして対抗することがどれほどの正当性を持つのか、大いに疑問です。

「基地の偏在の解消」という政策課題に対して、「血統」や「民族差別」の主張が有効な対抗手段となりうるかについても、熟慮が必要です。知事が、沖縄アイデンティティを掲げて闘う姿勢を見せることは、「日本対沖縄」という対立の構図を助長するだけでなく、県内も分断する行動だといわざるをえません。

沖縄の風土や文化はやはり独特です。が、風土や文化の特異性と集団的アイデンティティを同一視し、政治的な熱狂を呼び覚まそうとする姿勢が、自由主義の否定につながることはしっかり認識しなければなりません。時代の逆戻りは許されません。

「本土に蹂躙されてきた沖縄・琉球」という「歴史」が疑いのないものであれば、基地問題をきっかけに「こんな大和とは訣別したい」と主張する人びとが出てくることはわかります。けれども、そうした被害者的な歴史観も検証する必要があります。

薩摩侵攻以来、「日本であって日本ではない、中国であって中国ではない」という琉球（沖縄）イメージを琉球の人たちは甘受してきました。というより、「お上は異国まで支配している」という印象を人びとに植え付けたかった薩摩藩や幕府によって押しつけられた、その琉球イメージを、王府の指導者たち（支配階層）は進んで受け入れてきました。ときにはそれを大いに活用することもありました。この時期の琉球イメージは「琉球が生きるため」の手段でした。大国と大国の狭間で小国・琉球がどうすれば生き残れるか？　ときに日本にすり寄り、ときに中国にすり寄ること。それが彼らの出した答えでした。このプロセスが、幕府・薩摩のコントロールの下で行われていたこともまた事実ですが、中国もまたその実態を承知し、黙認していました。

薩摩侵攻以後の琉球王府の主導権争いの歴史（支配をめぐる争闘の歴史）にも、つねに「薩摩派」と「中国派」の相克がつきものでした。琉球という封建体制を維持するために、中国の力を借りたほうが得策か、薩摩（幕府）の力を借りたほうが得策かという二択に、王府の役人たちはつねに直面していたことでしょう。結果として両者の力が均衡するところで、琉球史は展開したと見てよいと思います。

「大国の狭間でしたたかに生きてきた琉球」というイメージなら聞こえはいいのですが、自立への明確なコンセプトを欠いていたと見ることもできます。要するに琉球時代の集団的アイデンティティは、「日本でもない、中国でもない」という消去法的にしか存在しえなかったということです。中国を差し引き、日本を差し引いた琉球にいったい何が残されていたのでしょうか？　こうした消去法的で脆弱なアイデンティティの下、琉球は国家でありながら国家でない、いってみれば「疑似国家」として長らく存続していたのだと思います。

明治維新を機に、中央政府はこの擬似的な国家である「琉球国」を１８７２年に「琉球藩」とし、１８７９年に沖縄県としました。いわゆる「琉球処分」です。

琉球処分は、日本による琉球の「植民化」という側面と「封建制の解体」という側面を併せもっています。「封建制の解体」という近代化のプロセスは、琉球だけに「押しつけられた」わけではなく、「廃藩置県」などといったかたちですべての藩で実施された、上からの「革命」でした。ところが、この近代化プロセスに琉球士族は抵抗しました。王国廃止に対する抵抗というより、士族身分の廃止に対する抵抗でした。わかりやすくいえば「近代化なんて押しつけやがって。俺たち王族士族が喰えなくなるじゃないか」というのが、当時の沖縄の支配的士族の言い分です。

明治政府は、「あんたたちだけじゃない。日本中の藩という藩が自治権を奪われる。大名とか士族とかいったような封建時代は終わった。中央集権体制の下で殖産興業・富国強兵をやっていく。それが新しい時代だ」と説得しますが、琉球側は納得しない。それが琉球処分にいたる背景だったと思います。沖縄の歴史家は「琉球処分は強権的に行われた」と主張しますが、明治政府は抵抗する琉球士族に妥協し、士族身分を保証する封建体制を20世紀（１９０２年）までつづける「旧弊温存策」という愚策を採用しています。その結果、沖縄の近代化は、本土に比べ大幅に立ち遅れることになりました。

こうした封建的な遺制は、沖縄固有の儒教的な同族信仰・血統信仰の名残である「門中制度」などのなかにまだ色濃く残っていますが、「琉球独立論」はもちろん、「沖縄アイデンティティ論」も、沖縄の旧体制（封建制）への憧憬《しょうけい》に根ざしているように見えます。その憧憬が文化的な性格のものであるなら、「歴史や伝統の尊重」という言葉で片づけることができますが、政治的な性格を帯びた途端、一部のエリート（支配階層）が人心をコントロールするための用具（支配装置）に転じて、自由主義・個人主義に対置されるような、排他的な沖縄ナショナリズムに直結する危惧が生じます。

「琉球独立」や「沖縄アイデンティティ」を主張する政治家や識者の思惑はどうあれ、その本質は腐臭を放つ前時代の遺物にすぎません。今、私たちに求められているのは、彼らの主張に寄り添う「優しさ」などではなく、彼らの主張を拒否する「勇気」なのです。

第6章

「被害者原理主義」が跋扈《ばっこ》する沖縄の歪んだ言論空間

「差別」「デマ」なのか

２０１７年1月2日に放映された、東京ローカルの地上波局・東京メトロポリタンテレビ（以下ＭＸＴＶと略す）が放送した番組「ニュース女子」（第91回）の沖縄報道が、基地反対運動の側に立つ論者などから批判の矢面に立たされました。地元住民へのインタビューなども含む軍事ジャーナリストの現地報告や、それを受けて出演者が発言した内容に「虚偽（デマ）」が含まれていたというのです。「虚偽」とされたのは、基地反対運動の活動を暴力的で危険であるかのように報道した点、活動家に日当が出ているかのように報道した点や、在日コリアンの基地反対運動への参加を「差別的」に報道した点などでした。

これに対して、ＭＸＴＶは1月16日の番組内で「さまざまなメディアの沖縄基地問題をめぐる議論の一環として放送した。今後とも、さまざまな立場の方の意見を公平・公正に取り上げていく」と説明し、「ニュース女子」を番組として配給する株式会社ＤＨＣシアター（4月1日より株式会社ＤＨＣテレビジョンと改称）は、1月20日付で「番組には虚偽はなく、一方的に『デマ』『ヘイト』と断言することは言論弾圧に等しい」といった趣旨の見解を公式ウェブに発表しました。

マスメディアも概ね番組を批判する側に同調していますが、もっとも敏感に反応したのは、ヘイトスピーチや人種差別に対する反対運動を展開する「のりこえねっと」でした。MXTV、DHCシアターが発表した見解も受けて、1月27日には、「のりこえねっと」としてBPO（放送倫理・番組向上機構）の放送人権委員会に人権侵害の申し立てを行い、申し立て後の記者会見で共同代表の辛淑玉《シンスゴ》氏は「ニュース女子」を厳しく批判しました。

「ニュース女子」の手口は、基地反対運動について、徹底的にニセの情報を流すというものだ。現場にも行かず、当事者にも取材をしない一方で、反基地運動によって迷惑をこうむっているというニセの「被害者」を登場させる。そして、「沖縄の反基地運動はシンスゴという親北派の韓国人が操っている。参加者はカネで雇われたバイトで、その過激な行動で地元の沖縄人は迷惑している」というデマを流して視聴者の意識を操作する。これは、沖縄の人々の思いを無視し、踏みにじる差別であり、許しがたい歪曲報道である。また、権力になびく一部のウチナンチュを差別扇動の道具に利用して恥じない「植民者の手法」でもある。（1月28日付沖縄タイムス電子版より）

これを受けてＢＰＯ放送倫理検証委員会は、２月10日、「情報バラエティー番組であっても前提となるべき情報や事実については合理的な裏付けが必要であり、裏付けが十分であったのか、持ち込み番組についての放送局の考査が機能していたのかなどを検証する必要があるとして審議入りする」ことを決めています。当該番組の内容が不十分だったことは確かです。踏みこんだ取材が不足し、出演者の発言にも不適切なものがありました。だからといって、ＢＰＯが取り上げて審議するような過誤があったか否かについては疑問符がつきます。ただし、今回の問題を取り上げたＢＰＯの機関が、辛氏らの提訴先である「放送人権委員会」ではなく、「放送倫理検証委員会」であることや、勧告を発して再発防止策まで求める「審理入り」ではなく、あくまで委員会の意見表明に留まる「審議入り」であったことには注目したいと思います。ＢＰＯは当該番組を「差別」と見るに値しないと判断し、その取材不足を「デマ」とは同一視しないという姿勢を示したといえます。

「ニセの被害者」という嘘

辛淑玉氏によると、「ニュース女子」は「基地反対運動について徹底的にニセの情報（デマ）を流した」ことになります。デマの中身として彼女が列挙したのは、「現場にも行かず、当事者にも取材しなかった」「反基地運動によって迷惑をこうむっているというニセの〝被害者〟を登場させた」「親北（親北朝鮮）の辛氏が沖縄の反基地運動を操っているとした」「参加者はカネで雇われたバイトだとした」「活動家の過激な行動で地元の沖縄人は迷惑しているとした」という「事実」でした。率直にいうと「現場に行かず」という点を除き、辛氏の主張は事実とは異なります。「ニセの被害者」とは、同番組で取材された我那覇真子氏（琉球新報、沖縄タイムスを正す県民・国民の会代表運営理事）、依田啓示《よだけいじ》氏（カナンファーム代表）、手登根《てどこん》安則氏（沖縄教育オンブズマン協会代表）の三氏を指すと思われますが、彼らが基地反対運動に異議を申し立てる活動に関わっているからといって、「ニセの被害者」とこき下ろすのは、事実とまるで違います。

我那覇氏と手登根氏は、基地反対運動の活動家からこれまでもたびたび批判されていますが、もともと「沖縄の言論空間の歪《ゆが》みが、県民の民意の形成を妨げている」と声を挙げたにすぎず、依田氏は沖縄県東村で農業を営む一村民で、自家用車で同村高江の公道を移動中に、通行を妨害した活動家とトラブルになった経験から、反対運動のあり方に疑問を呈するようになった一般市民です。我那覇氏と手登根氏は、沖縄に関する言論空間の歪みに苦しむ「被害者」であり、依田氏は違法な抗議活動の「被害者」なのです。

辛氏は、「日本人による沖縄（人）差別」を訴え、現地での活動にも資金を出している「のりこえねっと」の共同代表であり、違法な基地反対運動を奨励するようなスピーチも行っているところから、基地反対運動に強い影響力のある指導者・支援者であると見て間違いありません。ただし、辛氏が運動を操る唯一最強の指導者とまではいえません。辛氏と親北団体とのつながりは不明ですが、辛氏の与する陣営に在日朝鮮人・韓国人団体から派遣された活動家が加わっていることは周知の事実で、辛氏自身もこのことは認めています。日本やその同盟国を敵視してミサイルの脅威にさらす北朝鮮政府との関係を疑われる団体が、米軍基地のある沖縄で展開する活動に疑いの目を向けたからといって、「差別」とはなりません。まして基地反対運動の一部は確信犯的に違法な抗議活動を繰り返している以上、外国政府とのつながりが疑われる反基地活動家を警戒するのは当然のことです。

また「ニュース女子」では、「日当が出ている」との発言はありましたが、「参加者はカネで雇われたバイトだ」などとは伝えていません。「日当」はそもそもデマではないのです。3月13日にDHCシアターで放映された「ニュース女子」自身による検証番組「マスコミが報道しない沖縄　続編」（第１０１回／地上波オンエアはなし）に出演したジャーナリストの大高末貴《おおたかみき》氏は、自身の取材経験として、日当をもらって活動に参加する人がいたことを、実名を挙げて明言しています（オンエア時は名前を伏せました）。
「日当」問題はさらに拡張することもできます。参加者のなかには、労働組合の規定に基づく日当の支払いや交通費助成を受けて参加する人もいれば、のりこえねっとなど市民団体から活動費の支援を受けて参加する人もいます。もちろん、手弁当で現地に赴く参加者が多いことも事実です。

が、運動の母体となっているのは、特定党派や労働組合、市民団体などの「組織」です。ところが、メディアの報道では「運動の主体は県民・市民」と伝えられているのが実情で、これでは基地反対運動の性格をミスリードしかねません。「日当」は、あまり報道されることがない「組織的活動」の実態を明るみに出すための言葉と捉えることができます。
「活動家の過激な行動で地元の沖縄人は迷惑している」との報道もデマなどではありません。筆者の取材や、ネット上で公開されている動画からも明らかなように、とくに東村高江区での抗議活動は、不法侵入、一般車両の通行妨害、沖縄防衛局職員への暴力行為など目に余るものがありました。高江区は「無法状態」だったのです。

無論、大半の参加者は、座り込みや集会に参加するなど合法的に活動していますが、指導者である山城博治《やましろひろじ》沖縄平和運動センター議長を筆頭に、米軍施設内への不法侵入や公道での車両の私的検問といった、違法な活動を行うグループが存在することは紛れもない事実でした。村外からきた参加者の違法な活動で、地元が迷惑したのは否定しようがなく、沖縄タイムスでさえ「高江の混乱」「村民の迷惑」を伝える記事を掲載しました（沖縄タイムスウェブ版9月8日付記事「高江の農家、ヘリパッド抗議に苦情　県道混乱で生活にも支障」）。

こうしてみると、辛氏のいう「ニュース女子」の報道を「デマ」と断定する根拠は乏しいといいわざるをえません。一部に不確かな事実はありますが、それは裏取りや認識不足、すなわち取材不足にもとづくものです。取材不足については、制作者側も襟《えり》を正すべきですが、辛氏による「これは植民地意識の発露であり、沖縄人差別であり、在日コリアン差別だ」といった論調での非難は、問題をいたずらに拡大し、紛糾させるだけでしょう。

沖縄県民を侮辱した辛淑玉氏

こうした経緯を見れば、辛淑玉氏の非難に対して、沖縄県民から抗議の声が上がるのも

「むべなるかな」です。

起ち上がったのは「ニュース女子」のインタビューに登場した前述の三氏（我那覇真子、依田啓示、手登根安則）です。「権力になびく一部のウチナンチュを差別扇動の道具に利用して恥じない『植民者の手法』でもある」という辛氏の言葉が、日本政府だけに向けられているならまだしも、彼らにも向けられていたからです。沖縄を「植民地」と見なし、彼らを「権力になびく一部のウチナンチュ」と斬り捨てた辛氏の言葉を、三氏は「沖縄県民に対する侮辱」と受け取り、辛氏に内容証明付きの公開質問状を送付すると同時に、公開討論を申し入れました（2月13日付）。質問は、ヘリパッド移設作業に向けられた東村高江区での違法な抗議運動について辛氏の認識を問うものでしたが、設定された2月22日という期限までに回答はなく、三氏は日本プレスセンター（東京）において自ら記者会見を開き、一部活動家による違法な抗議運動の実態を報告するプレゼンテーションを行うと同時に、公開質問状の送付・公開討論の申し入れに至った経緯を説明しました。

縁あって会見の進行は篠原が任され、応援に駆けつけた、米国カリフォルニア州弁護士のケント・ギルバート氏と前衆院議員の杉田水脈《みお》氏が、三氏の主張を補完するスピーチを行いました。ちなみに筆者は、「ニュース女子」に関する認識のすべてを三氏と共有するわけではありません。しかしながら、沖縄の基地問題に関する言論空間の歪みを懸念する者として、三氏の意気に共感し、進行役を引き受けたものです。

記者会見の会場には、「のりこえねっと」の広報用ネットテレビ「のりこえねっとTV」が放映するプログラム「NO HATE TV」の出演者である野間易通氏（C.R.A.C.主宰者）と安田浩一氏（ジャーナリスト）が現れ、登壇者への質問を試みようとしました。筆者は、公開質問状を無視した辛氏が共同代表を務める「のりこえねっと」がスポンサーとなっている番組の取材班に質問する資格はないと判断し、その旨を彼らに伝えました。さらに我那覇氏は野間、安田の両氏に対して、以下のように断固たる「質問拒否」の意思を表明し、会見を締めくくりました。

「（質問は）ダメです。お二人は私が住んでいる名護（の自宅）まで来ました。取材許可を出していないのにもかかわらず、動画を撮影し、勝手に公開しています。私の家族も映っています。そういうルール違反の方々をそもそも取材陣として受け入れることはできません。しかし私たちはお二人に座って頂きました。それは私たちが寛容であるからだと思って頂ければ、と思います」

野間、安田両氏との議論

この会見にはさらに後日談があります。会見の進行役を引き受けたことがきっかけで、筆者は、野間氏と安田氏が仕切る「NO HATE TV」（3月7日放映・生放送）に招かれ、彼らと議論することになりました。両氏とも20年来の知人で、共に仕事をしたこともあり、野間氏は、在特会の発信を「ヘイトスピーチ」と糾弾する「レイシストしばき隊」の創設者で、現在はその後継組織である「C.R.A.C」を率いる活動家です（職業は編集者・ライター）。一方の安田氏はジャーナリストとして幅広い媒体に執筆していますが、野間氏などに同調した活動も行っています。

筆者は、沖縄の基地問題や沖縄社会の問題点、沖縄における言論空間の歪みをテーマにすべく討論に出席しましたが、彼らは「我那覇真子らの発信する情報はデマであり、沖縄県民や辛淑玉を始めとする在日朝鮮人・韓国人に対するヘイトスピーチである」というメッセージを再三にわたって繰り返しました。さらに我那覇氏らの主張は篠原が執筆した雑誌投稿原稿などに書かれた「デマ」が発信源だ、との批判も受けました。

記者会見翌日の25日、我那覇氏はツイッターで「野間易通氏については主義主張とそのスタイルは到底認められるものではありませんが、彼が戦う男である事に間違いはありません。その彼なりの信念と行動力には侮れないものがあります。良い方向に努力していれば大変な成果を挙げうる人物であったと思います。出来ればより公正な戦い方を望みたいところ」というメッセージを発信しましたが、野間易通氏は翌26日の我那覇氏に向けたツイートで、「ただの嘘つきが雁首揃えていいわけする場をわざわざ時間を使って取材してあげたのですから生意気なことをいっていないで素直に感謝しなさい。あなたたちは単なる国賊でありこの国の汚物なのですから身の程をわきまえるよう」と答え、大炎上を引き起こしました（その後ツイッター社は野間氏のアカウントを凍結）。

ネットには「野間氏の物言いこそヘイトスピーチだ」という非難が溢れましたが、彼らの考える「人権」「差別」が「絶対」で、我那覇氏の考える「人権」「差別」は考慮に値しないといった論法に、いったい「正当性」はあるといえるでしょうか。

歪んだ言論空間こそ問題

筆者と野間氏、安田氏との討論では、沖縄の言論空間の歪みに対する議論はほぼ皆無で、彼らはもっぱら「沖縄差別」「在日差別」を問題にしました。「言論空間の歪み」を議論することなくして、人権も差別も語れないというのが筆者の立場ですが、両氏はそうした議論の積み重ねにはまったく関心を示しませんでした。

基地問題については沖縄にも多様な考え方があります。ところが、琉球新報、沖縄タイムスの地元二紙は、もっぱら「差別される沖縄、差別する日本」あるいは「被害者＝沖縄、加害者＝日本」という図式に基づいた発信を続け、本土のメディアも沖縄二紙の論調に準じた姿勢で報道を続けています。沖縄の基地問題に関しては、言論の多様性がほとんど失われているといってよいでしょう。この偏った報道姿勢に対して、沖縄県内外から激しい批判の声が上がっていますが、主要メディアはこうした声もほとんど取り上げません。

安田氏は、その著書『沖縄の新聞は本当に「偏向」しているのか』（朝日新聞出版、2016年6月）を通じて、言論空間のこうした歪みを否定し、「沖縄二紙は偏向していない」といいます。同書には、琉球新報と沖縄タイムスに属する多数の記者のインタビューが収録されていますが、どの記者の姿勢も、「基地問題とは何か」という問いに対して普《ふ》久《く》原《はら》均《ひとし》氏（琉球新報論説副委員長）が即答したという「人権問題ですよ」という言葉のなかに集約されています。記者のあいだでは、「日本（人）は沖縄（人）を差別している」という意識が広く共有されていることになります。が、こうした「沖縄差別論」に実体はあるのか、という疑問が湧きます。これについては小著『沖縄の不都合な真実』（新潮新書、2015年1月　大久保潤《おおくぼじゅん》との共著）で論じたので深くは立ち入りませんが、「沖縄差別論」は、「虚空を斬るような議論」だというのが、私の立場です。

拙論掲載を拒否した琉球新報

この『沖縄の不都合な真実』は、2015年から16年にかけて、沖縄におけるベストセラー書となりましたが、地元紙の書評欄で取り上げられたことは一度もありません。週間ランキングで何十週にもわたって上位を占めていたのに、内容紹介がないのは異例のことと思い、筆者は沖縄のある講演会でその事実を指摘しました。この指摘に応えたのかどうか知りませんが、2015年8月、琉球新報は、『沖縄「真実」本　差別隠蔽の論法』という特集を組んで、2日間にわたって小著批判を掲載しました（8月19日　桃原一彦氏執筆／同20日　池田緑氏執筆）。「小著は巧妙につくられた沖縄差別本だ」というのがその論旨でした。誤読・事実誤認に基づいた記述も多々見られました。

批判は歓迎です。が、特集を組んでの徹底的批判ですから、批判された側にも反論する機会があって当然です。誤読や事実誤認を指摘する「権利」もあると思います。私は琉球新報に連絡を取り「批判された書の執筆者として、反論の機会を頂きたい」と何度も要請しました。担当者の対応は遅々としたもので、なかなか埒《らち》が明きませんでしたが、「言いたいことをまとめてくれ」との反応があったので、共著者の大久保潤氏と相談しながら、概要６００字、本文４８００字の反論原稿を送付しました。ところが、その後ナシのツブテとなりました。電話で連絡を取っても担当者は出てくれません。

私たちからすれば、これは「巧妙な言論封殺」以外の何ものでもありません。自分たちにとって都合の悪い言論は掲載しないというのが、沖縄の言論空間の実態だと痛切に感じました。そこでは、「沖縄は差別されている」という言論だけが、自己主張することを許されているのです。憤りを超えて呆れるほかありませんでした。

「沖縄差別論」の論者は「米軍基地の押しつけ」こそが沖縄差別だといいます。米軍基地が沖縄に偏在しているという事実はまちがいありません。それが地域の負担となっていることも否定できません。が、沖縄に基地が置かれている現状は地理的・政治的・歴史的な産物です。政府や米軍にだけ基地偏在の責任がある、といった主張は、歴史的存在である「沖縄」の重みをあまりにも軽視する議論でしょう。この論に与する人びとは、基地の押しつけは日本の民主主義が沖縄を差別的に扱った歴史的帰結であるから、その民主主義を支える「日本人」すべてが加害者であるという主張も展開します。言葉は悪いが、それは「被害者原理主義」とでもいうべき陳腐な三文イデオロギーにすぎません。

辺野古移設をめぐる経緯をつぶさに観察するだけで、「加害者」「被害者」という二元論が当てはまらないことははっきりします。基地問題の歴史は、日本、米国、沖縄の「共犯関係」の歴史だということです。「共犯関係」を単独犯だと強調することは、本質的・本源的な問題を棚上げしてしまいます。差別まで持ちだしてナショナリズムを煽る「外連《けれん》」は、県民・国民を分断し、基地問題の解決を遅らせるだけだと思います。

言論の多様性を排除し、安田氏のように「沖縄差別」を肯定した論者や被害者原理主義を掲げる者だけに発信を許すような歪んだ言論空間は、基地問題をめぐる議論を一方通行にし、ひいては民主主義を否定することになりかねません。沖縄二紙や、沖縄二紙に同調する本土メディアの報道姿勢は、強く非難されてしかるべきです。

第7章　基地負担の見返り＝振興予算が沖縄をダメにする

沖縄経済は今も基地依存か――その度合いを測る

沖縄に基地が偏在していることは確かです。現実に、基地がもたらす騒音、航空機事故などへの恐れ、基地があることで他国からの攻撃を受ける可能性などもありますから、基地周辺の住民をはじめとする沖縄の人たちが「基地を減らしてくれ」「基地を撤去してくれ」という強い願いを持っていることはわかります。

ところが、基地を減らせば、日本全体やアジア太平洋地域の安全保障に、多かれ少なかれ影響が出ますから、減らした部分を何らかの形でカバーしなければなりません。基地の機能を、誰かが引き受けなければならないケースも出てくるでしょう。基地の縮小も移転も相当な経費がかかりますから、その経費は国民が支払った税金で賄わなければなりません。

このように考えると、沖縄の基地を減らすことや基地の地域的な配分状況を変えることは、全国民的な課題であることがわかります。

他方、「戦後27年間にわたる米軍統治のせいで、米軍基地の影響が沖縄の社会経済の隅々にまで及び、基地の縮小や撤去が、社会経済を弱めてしまうのではないか？」という懸念もあります。この懸念は、１９７２年の復帰前から今日に至るまで継続して存在しています。「こうした懸念が今もって存在するから、米軍基地をなかなか減らせないのだ」という意見がある一方で、「復帰前後ならまだしも、復帰から45年以上も経って、沖縄経済が米軍基地に依存しているなんてありえない」という意見もあります。

いったい、どちらの見方が正しいのでしょうか。

少なくとも１９４５年から72年までの沖縄経済が、基地に依存してきたことは明らかです。もともと農業を基盤とする経済でしたから、働き手を失い、県土が荒廃した戦後の数年間は、経済らしい経済が機能しませんでした。米軍に土地が接収されたこともありましたが、焦土と化した農耕地や住宅を復旧するだけで数年間を要しました。その間、ほぼ全面的に、米軍の生活支援に依存せざるをえませんでした。

復帰前と復帰後では制度が異なるため、統計・データなどを比較するのは難しいのですが、たとえば１９６２年と67年の沖縄経済（復帰前なので正しくは「琉球経済」）を、米軍依存または基地依存という観点から見てみましょう（表１参照）。

この表では、米軍に雇われている人たちの所得、米軍が支払う軍用地料（収入）、米国・米軍からの経済援助、日本政府からの財政援助の4項目を基地依存額に含めています。このうち日本政府からの財政援助は、沖縄経済の実態を見ながら、日本政府と米民政府当局とが協議の上で決定していました。米国・米軍からの援助では不足する部分を日本政府が補っていたことになります。つまり、本来ならこれは、米国側が負担すべき経費の一部ですから、基地依存額と見なしました。これら4項目の基地依存額を国民所得で除した数字（%）が基地依存度です。

表1　基地依存度（復帰前）

年次	1962	1967
国民所得（A）	23220	47320
米軍等への財サービスの提供（B）	ー	ー
軍雇用者所得（C）	2320	4430
軍用地料（D）	971	453
復帰前補償（E）	0	1134
米政府経済援助（F）	1280	1027
日本政府財政援助（G）	45	1540
基地依存額（H:B~Gの合算額）	4616	8584
基地依存度（H/A）%	19.90%	18.10%

単位:万ドル

※日本政府財政援助は米政府（米軍）経済援助とトレードオフ関係にあるので基地依存度に含めて計算した

結果的に、１９６２年の基地依存度は19・９％、67年のそれは18・１％となりました。沖縄経済の基地依存度は大雑把に言って２割弱ということです。もっと実態を正確に反映した数字を出すためには、米軍が沖縄の企業などから受けたサービス、購入した財貨の金額も含めなければなりませんが、残念ながら資料不足で数字を確定することができませんでした。ただ、諸データから類推すると、７～10％ほど上乗せが生ずることになると思います。つまり、復帰前の基地依存度は25～30％程度と考えられます。

もっとも、依存度について、どのデータを選んでどう評価（計算）するか、という問題については、学術的な批判的検討も行われており（たとえば来間泰男『沖縄経済論批判』日本経済評論社、１９９０年）、依存度を高くとも「20％」と見積もる見解もあります。

復帰後については、沖縄県が発行する『沖縄の米軍及び自衛隊基地（統計資料集）』で、基地依存度が推計されています。軍用地代の受け取り、基地内で雇用されている日本人の所得、基地に対する財貨サービスの提供で得られる受け取りが、基地依存度を測るための主な項目となっています。

『沖縄の米軍及び自衛隊基地（統計資料集）』の平成27年版を基に作成した表２によれば、復帰時には15・５％あった基地依存度は、70年代～80年代を通じて急降下し、現在は５％

単位:億円

軍用地料(D)	その他(E)	基地依存額(I:B~Eの合算額)	基地依存度(I/A)%
123	−	777	15.50%
262	−	1015	8.70%
345	−	1345	7.40%
394	−	1282	5.10%
517	−	1563	4.90%
662	81	1841	5.20%
765	112	2034	5.40%
777	104	2068	5.20%
811	139	2159	5.40%

前後で推移していることがわかります。米軍統治時代の依存度を約2割とすれば四分の一、3割とすれば六分の一まで下がっていると解釈できます。

しかしながら、この依存度の計算には問題もあります。米軍統治下の基地依存度は、琉球政府（県民）に対する財政援助及びそれを補完する日本政府からの財政援助も含めて計算していますが、復帰後はこうした計算方法がとられていません。人件費や消費財購入費など米軍基地が沖縄県で調達する財貨サービスだけが計上されています。

復帰前の依存度に、琉球政府に対する米軍の財政援助を含めたのは、これも基地を維持するための経費と見なすことができるからで

表2　基地依存度(復帰後)

年次	国民所得(A)	米軍等への財サービスの提供(B)	軍雇用者所得(C)
1972	5013	414	240
1977	11631	462	291
1982	18226	694	306
1987	25165	512	376
1992	31929	546	500
1997	35700	579	519
2002	38008	648	509
2007	39550	661	526
2012	40165	702	507

す。米軍の財政援助は民生用の財政支出に充当されてきたとはいえ、支払い元の米軍からすれば基地維持経費の一項目となります。日本政府からの財政援助も米軍の基地維持経費の一部を肩代わりしたものといえます。こうした経費の支払いも沖縄の経済を支えていることになりますから、基地依存度に経済援助・財政援助を含めて計算するやり方には、一定の合理性があります。

ところで、１９７2年5月の復帰後、米国・米軍からの経済援助はなくなりました。日本国の地方自治システムの中に組み込まれた沖縄県は、他の自治体と同様、地方交付税などの補助金を受け取ることになりました。

が、それに加えて、沖縄戦、米軍統治など

によって遅れてしまった沖縄の経済的・社会的条件を整備するため、政府は「沖縄振興開発計画」(第一次)を策定し、特別な予算を組んで対応しました。これが「沖縄振興予算」または「沖縄振興資金」と呼ばれる、他府県にはない特別な補助金の始まりです。所管官庁として新たに沖縄開発庁が設置され(現在は省庁再編で内閣府沖縄振興局)、多省庁にわたる予算を、要求から執行に至るまで一括管理することになりました。

この振興予算が作られた当初は、沖縄の社会的、経済的遅れの解消が最大の目的でした。沖縄戦・米軍統治に対する日本国民からの贖罪の気持ちもこめられていました。が、復帰から40年以上経ち、沖縄の生活基盤・産業基盤も大方整備された今、この振興予算を継続しなければならない根拠が、問われるようになっています。「沖縄の特別扱い」として批判されることもしばしばです。

後ほど詳しく見ていきますが、実は「沖縄の遅れ」はたんなる名目であって、「振興予算の本質は基地負担の見返りに政府から支払われる補償金(基地負担の代償)である」という見方が正しいと思います。事態の本質をそのように捉えると、基地を維持するために米軍が拠出していた援助金と、復帰後に政府が支出する振興予算は同じ性格のお金ではないか、という結論が導かれます。「沖縄経済の基地依存度」を分析するとき、沖縄振興予算も含めて考えないと、沖縄経済の基地に対する依存度を測ることはできません。

「振興予算は基地負担の見返り」を認めない政府と沖縄県

したがって、復帰後の基地依存を正しく捉えるために、沖縄振興予算を含めてもう少し詳しく分析する必要があります。

沖縄振興予算は、1972年の復帰時に設置された特別な予算枠で、当初は「沖縄振興開発特別措置法」を法的根拠としていました。この法律は時限立法で10年を一区切りとしていましたが、2002年3月に至るまで、三次、30年間にわたって続きました。

その第一の目的は「本土との格差是正」でした。米軍統治下では十分な公共投資が行われず、インフラ整備が本土よりかなり遅れているという判断から、上下水道などの生活基盤、道路などの産業基盤を中心に整備が進められました。

表3は、復帰時と1995年のインフラ整備率を比較したものです。いずれの項目も整備が進み、本土の整備率に優る項目も目に付きます。少なくともインフラ整備については、当初の目的をほぼ達成したといえるでしょう。

資料出所）宮本憲一「沖縄の維持可能な発展のために」
（『宮本憲一・佐々木雅幸 編『沖縄21世紀への挑戦』（岩波書店・2000年）』所収）

復帰時		1995年		沖縄が本土に優る項目
沖縄	全国	沖縄	全国	
4,532	9,769	5,791	9,064	
93.3	85.9	98.3	86.5	✓
38.1	50.8	84.3	57.9	✓
22.6	18.3	51.6	46.1	✓
16.5	19.0	48.7	49.0	
89.2	84.3	99.7	95.3	✓
3.2	77.8	67.6	91.3	
25.2	56.9	70.8	72.8	
0.8	2.9	5.4	6.5	
73.6	91,9	94.7	96.2	
55.3	78.0	92.5	89.2	✓
7.5	42.4	17.7	51.0	
2.5	37.7	85.2	61.6	✓
583.6	1,029.90	1,572.40	1,347.30	

しかしながら、沖縄への特別な補助は、２０００年度に第三次振興開発計画が終わり、２００１年度を迎えてもまだ続きました。政府も、さすがに「振興開発計画」という表現は不適切だと考えたのか、今度は「沖縄新興特別措置法」という新法を制定し、「開発」を名称から削除しました。計画の名称も「沖縄振興計画」に変更され、「格差是正」という目標は後退して、「民間主導の自立型経済の構築」「フロンティア創造型の振興策」という目標が掲げられました。

新たに「自立型経済の構築」が謳《うた》われたにもかかわらず、振興計画が続けられた最大の理由は「所得水準の格差が是正

表3　インフラ整備の進捗

事項
人口千人当たり道路延長（m/千人）
国道改良率（%）
県道改良率（%）
市町村道改良率（%）
下水道普及率（%）
上水道普及率（%）
し尿処理処理率（%）
ゴミ焼却処理率（%）
公園面積（㎡/人）
小中学校校舎整備率（%）
高等学校校舎整備率（%）
小中学校プール設置率（%）
高等学校プール設置率（%）
10万人当たり病床数

されていない」という、旧態依然としたものでした。沖縄県は「所得水準と失業率の格差是正ができなければ、沖縄の遅れが回復されたとはいえない」と主張し、政府側が折れたという話もあります。

実際、復帰時に42万円で全国最下位だった１人当たり県民所得は、２００１年度にも１９１万円と全国最下位のままで（全国平均は２７７万円）、復帰時に３・７％だった失業率は８・４％と全国最高の値を示していました（全国平均は５・０％）。

が、１人当たりの所得についていえば、沖縄県は宮崎県とほぼ同水準（２００１年）、失業率についていえば、大阪府とは約１ポイント差、福岡県とは2ポイント差（同前）で、長期にわたって継続する沖縄振興計画の必要性を裏づける根拠として十分だったのかどうか、大いに疑問は残ります。

沖縄振興予算の根拠がこのように疑わしいことから、２０００年前後から、政治家、官僚、識者などのあいだで「沖縄振興策は基地負担の見返りだ」という声が強くなってきたのも、当然といえば当然のことでしょう。

これに対して国も県も、「沖縄振興予算は基地負担の見返りではない」と主張してきました。

2002年4月から施行されている「沖縄振興特別措置法」は次のように定めています。

「この法律は、沖縄の置かれた特殊な諸事情に鑑み、沖縄振興基本方針を策定し、及びこれに基づき策定された沖縄振興計画に基づく事業を推進する等特別の措置を講ずることにより、沖縄の自主性を尊重しつつその総合的かつ計画的な振興を図り、もって沖縄の自立的発展に資するとともに、沖縄の豊かな住民生活の実現に寄与することを目的とする」

この条文を読んだだけでは、「諸事情」が何であるのか、まったくわかりませんが、沖縄振興資金の根拠を探るためには、この「諸事情」が具体的に何を指すかを解明する必要があります。

沖縄県が、5回目の沖縄振興計画（現行計画：2012年〜21年）を迎えるにあたり、2011年3月に発表した「新たな沖縄振興の必要性について」という文書には、「諸事情」について、以下のように記されています。

①沖縄が26年余りにわたり我が国の施政権の外にあった歴史的事情
②広大な海域に多数の離島が存在し本土から遠隔にある地理的事情
③我が国でも希な亜熱帯地域にあること等の自然的事情
④米軍施設・区域が集中しているなどの社会的事情

しかしながら、①については、沖縄県自身が「もはや米軍基地に依存はしていない」と度々主張している以上、過去の振興予算による格差是正で概ね決着が付いたと考えるのが適切でしょう。約27年間の米軍統治に対して、２０１１年のこの時点で本土復帰から約40年経過しています。復帰後の歳月が米軍統治期間（27年間）をはるかに上回っています。つまり、根拠としては薄弱です。

②については、奄美群島、屋久島、種子島などを抱える鹿児島県、対馬、壱岐、五島列島などを抱える長崎県などに適用される離島振興策とのバランスも考える必要があります。少々スケールの大きな離島振興策を講ずれば事足りるはずですから、これも根拠としては薄弱です。

③については、奄美群島もその対象となり、沖縄固有の事情とはいえません。となると、残された④に着目せざるをえません。特殊な事情とはやはり基地のことなのです。にもかかわらず、政府や沖縄県が基地と沖縄振興予算とのリンクを公式に否定するのは、「基地とカネ」を直結させることで、政府に対しては「カネをちらつかせて沖縄に基地を押しつけている」という批判が向けられる可能性があり、沖縄県に対しては「カネ欲しさに基地を引き受けている」という批判が向けられる可能性があるからです。政府も沖縄県も、「やっぱりカネの問題か」といわれるのがいやなのです。

しかも、沖縄振興策と基地負担とのリンクを認めてしまうと、基地縮小に伴って優遇策も縮小される可能性があります。ところが、沖縄県は優遇策の縮小を極端に嫌う傾向があります。

たとえば、米軍および自衛隊基地周辺の学校で実施されている、防音対策事業の空調維持費補助が、2016年度以降の新設・更新分から一部廃止されました。基地周辺の学校などでは、軍用機の騒音を防ぐための空調新設を含む防音工事と空調設備更新経費・空調維持経費（電気料金）には防衛省から補助金が出ていますが、このうち空調維持経費に対する補助が部分的に廃止されたのです。

廃止されたのは、騒音の比較的少ない3級、4級に認定された施設の空調維持経費（沖縄県内には4級はなし）で、総額は2億1900万円（2015年度実績）となっています。騒音の大きな1、2級の施設の空調維持経費は、今後も継続して補助対象となります。他方で、3、4級の学校・施設で2016年度以降に空調更新工事を行う場合、補助率は3級で85％から90％、4級で75％から85％に引き上げられます。

これらは沖縄振興予算からの支出ではなく、防衛省沖縄関係経費からの支出ですが、空調維持経費の補助率は沖縄が原則90％、本土が55％と、沖縄のほうが優遇されています。嘉手納基地周辺の騒音も厚木基地周辺の騒音も、同じ客観的な基準で測定されているのに、嘉手納の補助率は厚木の補助率を35％も上回っているのです。

防衛省のこうした廃止措置に対して、翁長知事は2017年6月29日の県議会において「憤りを感じている」と発言しましたが、果たしてその言い分は正当でしょうか。

防衛省は経費削減と効率化の観点から、このような廃止措置をとりましたが、全国の公立学校における空調設置率が高まっていることがその背景にあります。公立小中学校についてみると、沖縄県は、香川県、東京都、滋賀県に次いで第4位となる74・3％の空調設置率（一般教室・特別教室／2017年度）で、設置率は年平均3％のペースで伸びていますから、このペースで行けば2022年度には100％の設置率を達成します。つまり、文科省予算や市町村予算を財源とする小中学校の空調は、基地のあるなしにかかわらず、必須の設備になりつつあるのです。基地のあるなしにかかわらず必須ということであれば、設備の稼働に要する電気料金やガス料を防衛省が負担する学校と、そうでない学校が並存するのは「不公平」の誹《そし》りを免れません。

しかも、廃止される学校と対象経費を自治体別に見ると、那覇市14校3200万円、うるま市9校3200万円、浦添市6校1900万円などとなっています。地元住民や沖縄に詳しい人なら知っての通り、これらの自治体の上空は軍用機の日常的な空路とはなっておらず、騒音の大きさや発生の頻度も限られています。ついでにいえば、これらの自治体には県が軍用機騒音を監視するために設けた騒音測定地点もほとんどありません。

軍用機騒音の大きな嘉手納町、読谷村、豊見城村、糸満市の学校で補助金を廃止されるところは1校もありませんし、同じく騒音の大きな沖縄市は1校400万円、宜野湾市は1校500万円の廃止に留まっています。ひと言でいえば、防衛省は「行き過ぎた沖縄優遇策」を正常化したにすぎないのです。

ところが、翁長知事は「憤りを感じている」と怒り、琉球新報は「憲法の理念に反する」（２０１６年5月14日付社説）と断定しました。学校空調という全国的な趨勢や客観的な騒音基準など関係ない、といわんばかりです。おそらく知事も琉球新報も、本土の米軍基地や自衛隊基地のことなど考えてもいないのでしょう。沖縄に対する「優遇策」や「補助金」が縮小されること自体が、彼らにとって許しがたいことなのです。

大切なのは、児童・生徒たちの教育環境を確保・改善することであって、「政府が電気料金の支払いを拒むとは許せん」などと怒ることではありません。空調が学校施設で一般化する中、本土の通常の学校に対する空調設備設置経費の国庫負担率は三分の一です。残りの三分の二は地元自治体が負担しています。さらに電気代などの維持経費は全額自治体負担です。

ちなみに沖縄では、基地騒音のない通常の学校の場合、空調設備設置に対する国庫負担率は二分の一であり、基地騒音のある学校の場合、空調設備設置に対する国庫負担率は95～１００％です。本土では、基地騒音の深刻なところでも、空調設備設置経費の国庫負担率は最大で75％となっています。これら空調の国庫負担率を見ても、沖縄がいかに優遇されているかわかろうというものですし、「基地と補助金のリンク」は明確です。

率直にいって、「基地とカネをリンクさせてどこが悪い」と思います。国民の誰かが他の国民より余計な負担を負うなら、政府が補償するのがあたりまえです。「負担」を適正に評価するのは簡単な作業ではありませんが、政府が適正な補償金（補助金）を支払い、沖縄県がそれを受け取ることにはまったく問題がありません。補償金を支払ったからといって、「札びらで頬を叩いた」とも思いませんし、補償金を受け取ったからといって、「カネの亡者」とも思わない、という意味です。

現状では、沖縄は過剰に優遇されていますが、両者が納得して適正な補償金のやり取りが行われるなら、理にかなった行為です。もちろん、お金が絡むことで政府と沖縄県を批判する人たちもいるでしょうが、気にするようなことではありません。

ほとんどの政府関係者、県庁関係者が、沖縄振興資金は基地負担の代償だと思っているのに、政府や沖縄県がいつまで経ってもその事実を公式に認めないために、カネのやり取りの裏に隠し事や利権が絡んでいるのではないかと、かえって憶測を呼び、批判を呼ぶことになっているのだと思います。

行政府の透明性が求められ、社会経済の環境や国際関係が激変しつつあるこの時代に、聞こえのよい「建前」だけ唱えて前に進めると思ったら大まちがいです。こうした「建前」は序章で触れた「外連」の一環として機能するだけです。事実を認め、公正性と透明度を高めながら政治に臨む姿勢こそ求められています。さもないと、納税者である国民からの激しい批判に晒《さら》されるでしょう。

「基地反対運動」は振興予算の集金装置

政府と沖縄県が沖縄振興予算と基地のリンクを認めないがために批判や憶測を呼んでいると述べましたが、この予算と予算の枠組みとなっている沖縄振興計画には、ほかにもさまざまな問題があります。

まず、先にも触れましたが、その金額が適正か否かです。表4は1972年から2015年までの沖縄振興予算の推移を見たものです。累計で約12兆円もの巨額の公的資金が沖縄に投入されてきたのに、所得水準が今も全国最低に留まっていることも驚きですが、その推移を見ると、1992年から「沖縄振興予算3000億円台」という傾向が定着したことがわかります。3000億円が一つのハードルになっていることは、2013年12月に、安倍首相が仲井眞知事（当時）と会談して、現在の振興計画が終了する2021年度までの7年間、毎年3000億円規模の沖縄振興予算を計上する約束をした

表4　沖縄振興予算の推移（1972年—2016年）

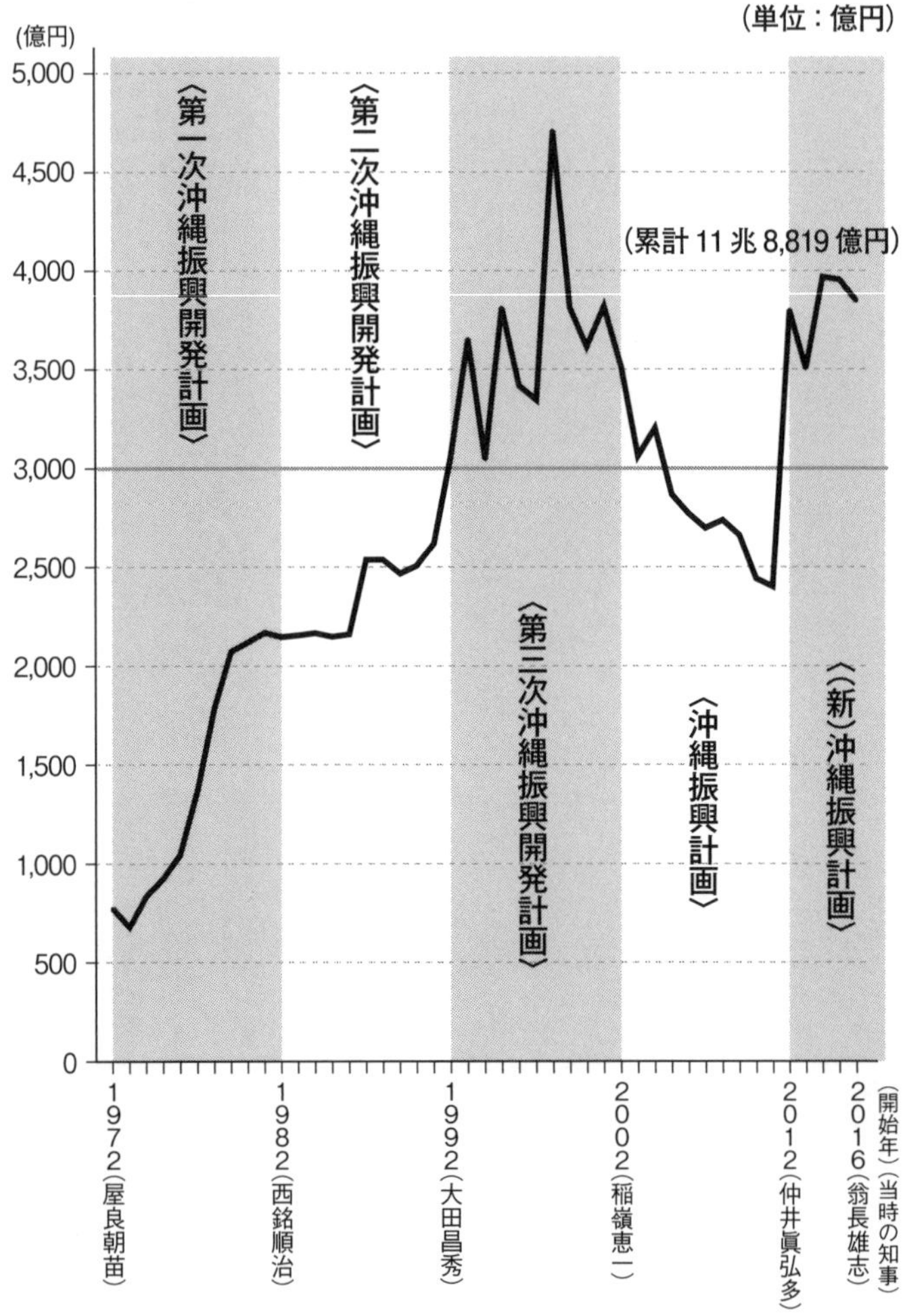

資料：内閣府沖縄総合事務局『沖縄県経済の概況』各年版

ことからもわかります。この方針を首相から伝えられた仲井眞知事は、「有史以来の予算です。（中略）これはいい正月になるな、というのが私の実感」と発言しました。ところが、仲井眞知事は、この発言の直前に辺野古埋め立てを承認していましたから、沖縄のメディアの不興を買い、「（沖縄の心をカネで売った）裏切り者」の烙印を押されました。その1年後の2014年11月に行われた知事選では、翁長氏に大差で敗れてしまいました。仲井眞氏は県民が喜ぶと思って「3000億円7年間」の約束を取り付けたのですが、逆にそれが県民の自尊心を傷つけてしまったのです。歴代沖縄県知事は、それほどまでに「3000億円」にこだわりをもって、政府との交渉に臨んできました。

実は沖縄振興予算を3000億円の大台に載せたのは、保守系の知事ではなく、辺野古移設反対運動の先頭にも立ってきた革新系の大田昌秀知事（2017年6月12日逝去）の「功績」です。

なぜ大田知事は、3000億円の確保に成功したのでしょうか。それは、「基地反対」の姿勢を「振興予算獲得」に活用したからだといわれています。つまり、政府に対して基地反対の強硬姿勢を示すことによって、振興予算の「増額」という懐柔策を政府から引き出すことができたのです。

大田知事は、その後の知事が真似できなかった「偉業」も成し遂げています。1995年、大田知事は、米軍に土地を貸すことを拒む地主に代わって知事が署名することになっていた賃貸借契約書への署名を拒否し、現在の翁長雄志知事と同じように、国（当時は村山富市内閣）と係争関係にありました（最終的に沖縄県の敗訴）。その騒動の最中に海兵隊員による少女暴行事件が起こり、国との対立はますます先鋭化しました。

1996年1月、村山氏の後を受けて橋本龍太郎内閣が誕生しました。沖縄への贖罪意識の強かった橋本首相は、クリントン大統領と会談して普天間基地返還を決めるなど、基地縮小に熱心に取り組みましたが、それでも大田知事は国に対する強硬姿勢を崩しませんでした。この強硬姿勢が功を奏し、橋本首相と膝詰めで談判する中で、大田知事は3000億円台を優に超える4713億円（補正後）に上る巨額の振興予算の獲得に成功したのです。

仲井眞氏が安倍首相から取りつけた「3000億円7年間」の約束も「偉業」ですが、大田知事時代の4713億円の記録はいまだに破られていません。

大田知事のこうした行動によって、沖縄の政治家たちは「基地反対」の姿勢が振興予算の増額を獲得する手段になることを「学習」しました。以後、歴代知事は、「民意」を掲げながら「普天間基地の県外移設」を主張するなど、一方で辺野古移設（県内移設）に反対の姿勢を見せながら、他方で振興予算の増額を交渉するというスタイルをとるようになりました。これこそ翁長知事の「外連」の根っこにある折衝術です。

だからといって、辺野古移設反対運動を始め、基地反対運動のすべてが、振興予算を取るための機能を持っているわけではありません。基地に反対する人たちの多くが、それぞれ信念や主張をもって反対の狼煙を上げていることも事実です。が、彼らが「基地反対」の姿勢を示して熱心に行動すればするほど、結果的にそれが圧力となって、「振興予算の増額」という政府の懐柔策を引き出すことができる構造になっているのです。機転の利く政治家なら、この圧力を利用しないわけがありません。

こうした文脈でいえば、「外連」を演ずる翁長現知事はまさに象徴的な存在です。これまでになく政府と激しく対立する一方で、振興予算の増額にも力を注いでいます。辺野古埋め立てで政府を訴え、沖縄の独立さえにおわせる発言をしているのに、振興予算は振興予算としてしっかり交渉しています。

政府は、翁長知事に厳しい姿勢で臨む様子を見せながらも、仲井眞前知事との「3000億円7年間」の約束に縛られて、結果的に3000億円台の振興予算を認めています。目論見通り振興予算を得た知事が、普段「沖縄に対する差別者」として自ら糾弾している政府要人に深々と頭を下げる姿を見ると、辺野古移設の問題や、振興予算の規模や使途が適正か否かを真面目に考える気持ちも失せてしまいます。

予算は多かれ少なかれ政治的に決まりますが、翁長知事と政府とのやり取りほど露骨な「政治」を感じさせるものはありません。さらに翁長知事の予算獲得を、日頃から政府に対して厳しい批判を展開する沖縄のメディアが熱心に応援する、という構図にも大きな戸惑いを感じ、沖縄全体が巨大な「集金装置」に見えてきます。

「特別扱い」を隠す理由と「高率補助」の魔法

さて、以上のように、基地負担の代償として、きわめて政治的に決定されている沖縄振興予算ですが、他県にはない制度であり、基本的に沖縄を財政上優遇するための制度であるという点は間違いありません。

「ところが」というべきか「だから」というべきか、沖縄県は、沖縄振興予算によって「沖縄は特別扱いされている」というイメージが広がることを警戒して、県のホームページに次のような問答を掲載しています（原文のまま引用）。

（問８）沖縄に対しては、国庫支出金や地方交付税により他都道府県と比較して過度に大きな支援がなされているのではないですか。

（答）平成27年度普通会計決算ベースで見てみると、沖縄県の国庫支出金は全国10位、地方交付税交付金も含めた国からの財政移転では全国12位となっています。また、人口１人当たりで比較すると、国庫支出金と地方交付税の合計額は全国５位で全国１位まではほぼ同規模になっており、復帰後一度も、全国１位にはなっていません。

沖縄県のこの説明には「ごまかし」があります。いや、事実の「隠蔽」といってもいいかもしれません。今からそれを、順を追って指摘しましょう。

県の説明通り、国から自治体に対する財源配分の手段には、大別すると地方交付税と国庫支出金の２種類があります。

地方交付税は、国が集めた税金をいったんプールして、国全体に等しい水準の行政サービスが行き届くよう、各自治体の状況に合わせて税収を再分配する制度で、その使途は原則として自治体に任されています。東京のように財政状況の良好な自治体に地方交付税は配分されません。逆に、財政状況が芳しくない自治体には相対的に多く配分されますが、人口や面積、道路延長、道路面積などといったさまざまな基準に基づいて交付額は機械的に計算されます。また配分の原資となる税収に上限があり、それも景気によって変動するため、税収が少ない年度には交付額が小さくなる傾向があります。

したがって、地方交付税制度の下では、特定の自治体を優遇することは難しく、人口や面積などが同じ水準で、似たような条件を供えた自治体には、ほぼ等しい額の交付税が配分されることになりますから、「沖縄だから」という理由で、優遇的に税収を配分することはそもそも不可能なのです。

問題は、もう一つの財源配分手段である国庫支出金です。一般に補助金というと、この国庫支出金を指します。

国庫支出金は、自治体が行う特定の事業に対する補助金で、原則として「補助率」が定められています。たとえば、ある自治体が予算12億円で橋を架ける事業を企画したとします。補助率は各種条件に基づいて定められますが、一般には事業費の三分の一あるいは二分の一を自己負担しなければなりません。この例でいえばその負担は4億円または6億円となります。ところが、沖縄振興予算では「高率補助」が認められており、原則として自己負担は１割で済みます。この例でいえば１億２０００万円となります。沖縄では自己負担１億２０００万円あれば12億円の橋が架けられますが、他の自治体の場合、その数倍の自己負担が必要となります。「高率補助」は、他県が羨む魔法のようなシステムなのです。

最近は国庫支出金の枠に「一括交付金」という新しい制度が導入され、一定の条件を満たすことは必要ですが、自治体自ら企画した事業を自己負担なしで行うことができるようになっています。これは、事実上沖縄県だけに認められている制度です。高率補助や一括交付金を「優遇」といわずしてなんといえばよいのでしょうか。

沖縄県は、補助金総額と１人当たりの補助金額のランキングを取り上げて「優遇されていない」と説明しますが、高率補助や一括交付金の存在自体は、それだけで明らかな優遇措置です。先の説明ではひと言も触れられていませんが、２０１４年度決算の１人当たりの国庫支出金は沖縄県が全国２位です（約16万７０００円）。１位は原発事故や地震津波被害の影響で莫大な復興経費を必要としている福島県で約30万円ですが、３・11以前は、沖縄県がつねに全国１位をキープしていました。全国平均は約５万円ですから、その差は11万円７０００円に上ります。

また、都道府県だけでなく市町村に対する国庫支出金まで含めて計算すると、2013年度決算の数字で沖縄県民1人当たり約25万円。この数字は被災三県（岩手・宮城・福島）を除くと全国1位です。47都道府県の平均が1人当たり約12万7000円ですから、その差は12万3000円。これに県民人口約145万人を乗ずると約1800億円となります。大雑把《おおざっぱ》に言えば、この約「1800億円」が沖縄に対する実質的な「財政的優遇」を示すことになります。沖縄振興予算はここ数年3000億円超ですが、それ自体が実質的な優遇を表すわけではありません。しかしながら、その約6割程度を「優遇策」と見て間違いないでしょう。

合算する意味のない地方交付税を合算し、高率補助や一括交付金の優位性に触れないまま、「沖縄県は優遇されていない」と主張することは、事実の「隠蔽」と断定していいでしょう。

同じ国とは思えない減税天国・沖縄

沖縄県が、他県にはない補助金を得ていることはすでに説明しましたが、財政的な優遇はそれだけに留まりません。実は、多くの税制上の優遇措置＝減税制度が設けられています。

もっともポピュラーなのは、ガソリンを対象とする揮発油税です。本土における揮発油税及び地方揮発油税の合計額５万３８００円／キロリットルから７０００円／キロリットルに軽減し、４万６８００円／キロリットルとなっています。１リットルあたり７円の軽減税率ですが、沖縄県は石油価格調整税条例を独自に制定して、１リットル当たり１・５円を独自に徴集し、本島・離島の価格調整に使っています。したがって、揮発油税は本土より１リットル当たり５・５円安いことになります。これによる減税総額は、約46億円程度に上ります。これは県民１人当たり年間約３３００円の減税です。併せて、石油製品輸送には年間約８億円の補助が出ています。

また、酒税も泡盛で35％、ビールなどが20％軽減されています。ビールでいえば３５０ミリリットル缶一本当たり約15円の減税で、減税総額は約36億円。県民１人当たり年間２６００円の減税です。

減税金額が多いのは、航空機燃料税の沖縄特例です。本来なら１キロリットル当たり本土２万６０００円、沖縄１万３０００円の税率ですが、現在は特例措置があり、本土

1万8000円、沖縄は9000円となっています。ボーイング737の場合、積載燃料の最大容量が26キロリットルですから、満タンで23万4000円の減税、ボーイング777の場合180キロリットルですから、同じく162万円の減税となります。減税総額は30億円以上に上ります。離島便の場合は、さらに減税額が上乗せされています。

また、沖縄の電力会社（沖縄電力など）も、発電のための石炭とLNGに対する石油石炭税を免除されています。本土より高い沖縄の発電コストを補助することが目的です。免税額は合計で約18億円です。

これらに加えて、沖縄には多くの経済特区が設けられているので、特区で事業を展開するIT産業、観光業、金融業、国際物流業、製造業などついて、所得控除、投資税額控除、特別償却といったかたちで法人税などが軽減されています。住民税も軽減されますが、その場合は、国が減収を補填《ほてん》しています。制度が複雑なため、正確な減税額の計算は困難ですが、合計で10億円から20億円程度が減税されていると思われます。

また、沖縄には「特定免税店制度」もあります。沖縄では空港と市中に免税店が設けられ、一部の商品について消費税が免税されています。

このように沖縄には、本土にない税制上の優遇措置が設けられており、もはや一国二制度に等しい状態です。減税総額の厳密な計算は困難ですが、２００億円規模に達しているかと思われます。

税制上の優遇は補助金の給付と同一の効果を持ち、場合によっては、思わぬ経済効果を生むこともあるので、これらを一概に「悪政」とは決めつけられませんが、たとえば揮発油税・酒税・石油石炭税の減税などは、「不公平税制」といってよいと思います。

このほか、沖縄には、国民年金の特例（復帰前の保険料の免除）、高速道路料金の減免（財政措置によって年間約8億円を補填）、ＮＨＫ受信料の軽減措置など、税制以外の優遇措置がいくつも設けられています。

なお、沖縄特産のサトウキビについても特例的な補助制度があります。「砂糖及びでん粉の価格調整に関する法律」に基づき、サトウキビの生産者に対し、その生産コストのうち、砂糖の原料代として製糖事業者から生産者に支払われる額では賄えない部分について、経営安定対策として甘味資源作物交付金が交付されています。品質によってサトウキビの買い上げ価格は異なりますが、生産すれば国が買いあげてくれる制度です（鹿児島県奄美群島にも適用）。この制度に基づき、例年、沖縄のサトウキビ生産者には約１００億円が交付されています。

しかも、サトウキビには、沖縄振興予算に似た「さとうきび生産振興計画」という補助金体系が適用され、水利事業を含む畑の維持管理事業や土地改良事業などに例年なんと200億円もの大金が交付されています。両者を合計すると沖縄振興予算の1割に相当する300億円に達します。そのせいで沖縄には、市場性のある他の商品作物を生産せず、サトウキビに特化した歪んだ生産構造が生みだされてしまっています。サトウキビ畑は「沖縄らしさ」の象徴ですが、サトウキビは補助金（税金）でできた作物であるという認識を持つ必要があります。

以上の優遇措置との関連は必ずしも明確にできませんが、沖縄県の1人当たり地方税負担額を見ると、全国最下位の8万円前後となっています。これに対して全国平均は14万円、東京は25万円程度です（2017年度）。また、課税最低限に達しないなどの理由で、所得税申告者の65％が所得税を納税していません。

以上のことから、沖縄は税負担については全国最低水準なのに、補助金については全国最高水準であることがわかります。沖縄県がいくら「われわれは優遇されていない」と主張しても、国民はけっして納得しません。

先にも触れたように、税の軽減措置も補助金と同様の効果を持ちますから、沖縄経済は、すっかり「補助金漬け」の状態だといっていいと思います。そして、その補助金が「基地負担の見返り」であることもはっきりしています。たしかに米軍基地からの直接の受け取りは減りましたが、沖縄経済の本質は今も「基地依存」なのです。こうした「基地依存＝補助金依存」から脱却することこそ、沖縄経済の最大の課題です。

もう一つの補助金・防衛省沖縄関係費に群がる利権ビジネス

これまでは、沖縄振興資金とそれに関連した減税措置について説明してきました。が、実は沖縄に対する補助金はこれだけではありません。防衛省（沖縄防衛局など）が所管する多額の防衛予算が、沖縄で使われています。

表５は、沖縄振興予算（内閣府沖縄関係部局予算）と防衛省沖縄関係予算をあわせて、近年における推移を見たものです。防衛省沖縄関係予算の額は近年１６００億円台で推移していますが、振興資金と合わせると４０００億〜５０００億円に上ります。沖縄県の年間予算が６０００億円程度ですから、いかに巨額かわかろうというものです。沖縄が補助金漬けになるのも、無理のないことなのかもしれません。

さて、その防衛省の予算は以下の項目から構成されています。

1．基地周辺対策経費
（1）周辺環境整備
（2）住宅防音
2．補償経費等
（1）施設の借料
（2）漁業補償
（3）その他の補償等
3．提供施設の整備
4．提供施設の移設
5．基地従業員対策
（1）離職者対策
（2）福祉対策

表5　沖縄振興予算と防衛省沖縄関係予算

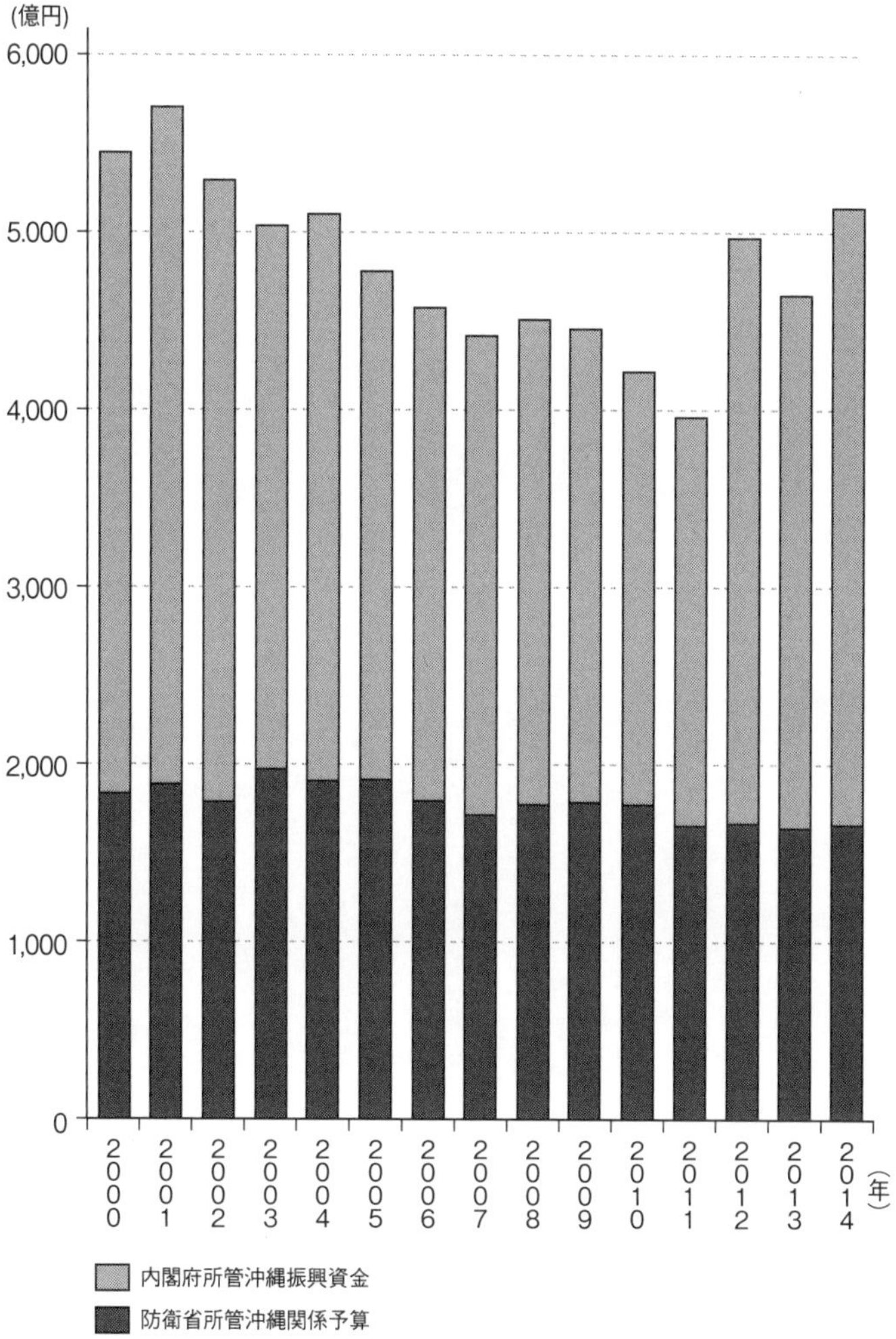

（3）従業員対策

6．特別協定による負担

（1）給与費

（2）光熱水料等

（3）訓練移転費

7．その他

このうち金額の大きなのは、「補償経費等」のなかの「施設の借料」と「特別協定による負担」のなかの給与費です。前者は、米軍及び自衛隊施設の地主に対する賃料の支払いに充てられており、2013年度で989億円に上っています。後者は、米軍基地で働く日本人従業員に対する給与で、約9000人に対して2013年度で総額369億円が支払われています。すでに触れたように、両者とも米軍基地への「直接的な依存」を構成する要素となっています。

地主も基地雇員も、もちろん基地に対する「利権」をもっているとはいえますが、ここで取り上げたいのは、基地周辺対策、提供施設の整備、提供施設の移設など、土木建築工事が関わる経費です。これらの経費はいずれも土木建築工事・埋め立て工事を伴う事業を対象とするもので、「利権」の温床となりやすい費目です。上記三つの項目を合計すると、２０１３年度の総額は約２１０億円ですが、今後、総額３０００億円以上の経費がかかるといわれる、辺野古移設に伴う工事費が増えると予想され、毎年、莫大な金額が計上されます。

利権争いが歪めた辺野古移設と現行案

すでに第2章で述べたことですが、普天間基地の辺野古移設の計画も、米軍基地から生まれる利権の獲得競争にさらされ、結果として、設置場所や設計図が大きく変更されました。地域の利権競争が一国の国防政策や安全保障政策を歪めてしまったのです。

「普天間基地全面返還」が日米間で合意されたのは１９９６年4月のことです。米軍側から「移設」という条件がつけられていたので、その直後から移設先探しが始まりました。県外への移設も検討されましたが、米軍が県外移設に消極的なだけでなく、長いこと「基地利権」を享受してきた沖縄の建設会社の意向を受けた政治家も黙っていません。「移設先は県内で」という雰囲気が生まれ、沖縄本島東海岸沖に、海上ヘリポートを造るという案が浮上しましたが、２００２年になって辺野古沖に埋め立て工法で滑走路を造ることが閣議決定されました。

２００３年、防衛庁の辣腕《らつわん》官僚だった守屋武昌氏（後に防衛事務次官）が、移設先問題のリーダーシップを握りました。

問題になったのは、埋め立てをめぐる技術でした。辺野古沖は水深が深いため、沖縄を通過する激しい台風に耐えうるような滑走路を造ることは困難を極めます。たとえ造れたとしても、兆単位の巨額の費用もかかります。が、それだけ巨額のお金が動くプロジェクトなら、沖縄側は大歓迎です。当時の稲嶺惠一知事や財界の重鎮だった沖縄電力の仲井眞弘多会長（後に知事）も前向きの姿勢を見せていましたが、技術と費用の面からこの辺野古沖埋め立て案は頓挫してしまいました。

辺野古沖案を断念した守屋氏は「キャンプ・シュワブ内陸案」を検討しました。代替施設を現在ある基地の中に収める案ですから、埋め立てを伴いません。コストも格安です。が、それでは沖縄側にあまり旨味はありません。守屋氏と交渉に当たったのは、東開発という建設会社の会長で、当時沖縄県建設業協会副会長や沖縄県防衛協会北部支部長を務めていた仲泊弘次氏ですが、仲泊氏らは、「キャンプ・シュワブ内陸案」に猛反対しました。沖縄の主要な建設会社は砂利会社も持っています。東開発も例外ではありません。砂利は取得コストが安く、利が厚い商売です。が、埋め立てがなければ砂利で儲けることはできません。仲泊氏に限らず沖縄の建設会社は移設工事に伴う埋め立てを強く望んでいましたから、業界の大勢も守屋氏の案に反対しました。

２００５年6月、仲泊氏は埋め立てを伴う「浅瀬案」を提案し、米軍の支持も取り付けます。東開発と親交の厚い当時の岸本建男名護市長もこの案に賛成しました（名護市はこの時点で移設に賛成だったということです）。

「内陸案」（防衛庁）と「浅瀬案」（名護市・米軍）が対立する構図となりましたが、地元と米軍がタッグを組んで唱える「浅瀬案」には、守屋氏といえどもかないません。結局、守屋氏側が折れ、浅瀬案を元にした滑走路1本の「L字案」が有力になりました。

が、その後も、さらなる利権を追求する建設業界の熱意が事態を動かすことになります。新たに名護市長に就任した島袋吉和氏が、防衛庁に対して「騒音を減らして欲しい」という陳情を繰り返したのです。防衛庁はこの要望を受け入れ、滑走路を2本にした「V字案」に落ち着きました。

垂直離着陸機であるオスプレイやヘリコプターが主力の海兵隊にとって、滑走路を2本にする意味はほとんどありません。騒音も減るとは思えません。が、1本より2本のほうが埋め立て面積は確実に増えます。

このV字案が、現在の移設計画の土台になっていますが、その後名護市は滑走路を沖合にずらすよう要求してきました。これによって水深が深い大浦湾の工事が減り、浅瀬の埋め立てが増えるからです。大浦湾の工事は、工法が高度なため本土の業者が受注する可能性が高くなりますが、浅瀬の埋め立てを増やす案なら、地元の業者が受注できます。

これに対して東開発のライバル会社、屋部土建が「現行案で早急に移設を推進すべき」と異議を唱えました。防衛庁は屋部土建と歩調を合わせましたが、当時の名護市と東開発は「沖出し案」にこだわり、屋部土建・防衛庁vs.東開発・名護市の争いはしばらく続きました。結果的に屋部土建の推す稲嶺進氏が市長となるに及んで、この争いはようやく静まりましたが、その稲嶺市長が移設反対を強硬に唱えるようになったため、移設をめぐる争いはかたちを変えて続くことになります。

沖縄の野球場は防衛予算で造られている

辺野古に限らず、防衛予算は沖縄の建設業界・土木業界に利益をもたらす源となっています。驚くのは、最新の設備を備えた野球場などスポーツ施設の多くが、防衛省の予算で造られていることです。

有名なのは、那覇市にある奥武山野球場（沖縄セルラースタジアム那覇）です。元々あった球場を大幅改装して２０１０年に竣工したこの施設の工事費のうち49億円は、防衛省の基地周辺対策経費から支出されています。近くに米陸軍那覇軍港が立地することが防衛省から補助金が出た根拠ですが、常識的に考えれば、かなり無理のある使途です。同野球場では、日米野球なども行われていますが、安全保障と野球場の関係を問われて、まともに回答できる人はいないでしょう。

球場改築の資金を獲得するに当たって、当時の翁長市長（現知事）が防衛省との折衝に当たるなど大いに力を注いだといわれていますが、その翁長氏がスピーチして話題になった「戦後70年　止めよう辺野古新基地建設！　沖縄県民大会」（２０１５年5月17日）はここで開催されています。防衛予算が基地反対運動の役に立ったということでしょうか。

奥武山野球場と同様の例はほかにもあります。

辺野古近くにある宜野座村には、タイガースの室内練習場としても使われている多目的施設・宜野座ドームがあります。建設費は19億円。うち17億円が防衛省に設置された沖縄に関する特別行動委員会（ＳＡＣＯ）の関係施設周辺整備助成経費から補助されています。田園風景の中に突然のように出現したこの球場は、地元でも大きな話題になりましたが、防衛省予算で造られたことを知る人はほとんどいません。なお、このドームでも、米軍に抗議する集会が開かれています。

こうした立派な施設を一概に悪いとはいいませんが、施設維持経費などのことを考えると、不安も残ります。「結局、得したのは住民ではなく土建屋」という陰口も聞こえてきます。

基地問題は、政治信条や安保政策をめぐる争いであるかのように語られていますが、一皮めくれば、利権争い、利権追求が見えてきます。その根底には、常にお金、あるいは経済の問題が横たわっています。巨額の沖縄振興予算や防衛予算が沖縄に配分される現状を見直さない限り、本質的な問題解決はありえません。

ここで、冒頭の「沖縄経済は米軍基地に依存しているか否か」という問題提起に立ち返ってみると、あらためて「沖縄経済は、米軍基地に直接的に依存しているわけではないが、基地負担の代償である沖縄優遇策に依存している。したがって、沖縄経済は間接的に米軍基地に依存している」という結論を得ることができます。

深刻な貧困問題

沖縄振興予算、防衛省沖縄関係予算、税制優遇措置、農業補助金などを合算すると、沖縄には毎年４０００億～５０００億円程度の補助金が投入されている計算になります。にもかかわらず、「県民一人ひとりの豊かさ」という観点から見ると、沖縄経済は長いこと深刻な状態にあり、その状態は一向に改善されていません。

豊かさの代表的な指標としてしばしば取り上げられるのは、１人当たりの県民所得ですが、沖縄県は長く全国最低のポジションにあります。２０１４年度の沖縄県の１人当たり県民所得は２１２万９０００円（47都道府県中47位）。全国平均は３０５万７０００円でトップの東京都は４５１万２０００円です。

ただし、県民所得には企業所得が含まれていますから、大企業のない沖縄県の1人当たり所得が低いのは当然といえば当然です。より実態に近い統計として、1人当たり雇用者報酬があります。雇用者とは会社、団体、官公庁又は自営業主や個人家庭に雇われて給料、賃金を得ている者、及び会社、団体の役員のことで、失業者、財産収入を得て暮らす者、年金生活者などは含まれません。

2014年度の都道府県別の雇用者報酬を見ると、沖縄県は354万7000円で47都道府県中46位となっています。最下位は秋田県の347万5000円ですが、秋田県は人口減少が日本でもっとも激しいところで、人口減少と雇用減少が相互に作用しながら進んでいます。日本でもっとも高い人口増加率と失業率が同時に発生している沖縄と単純な比較はできません。

企業に勤める者の平均賃金で豊かさを見る方法もあります。これと似たような統計に全産業平均賃金があります。2013年度の全産業平均賃金を都道府県別に見ると、全国平均439万円に対して沖縄県は329万円で、やはり最下位となっています。

生活実感により近い統計に、消費生活実態調査があります。ただし、これは標本調査であり、一部に推計値が含まれますので注意が必要です。2014年度の同調査で明らかにされた二人以上世帯の年間世帯収入を見ると、全国平均６３５万２０００円に対して沖縄県は４７４万９０００円で全国最下位となっています。

消費生活実態調査で注目すべきは、年間収入区分ごとの世帯数が示されている点です（表６参照）。この数値は、所得の不平等を表すジニ係数などの計算にも使われますが、ジニ係数を使わなくとも、沖縄の貧困が他の地域より深刻であることがわかります。沖縄では、年間収入３００万円未満の低所得者層が30・４％と全国最高の数値を示していますが、これに対する全国平均値は15・４％です。つまり、沖縄には全国平均の約2倍の低所得者層が存在していることになります。

沖縄の相対的貧困率や子どもの貧困率が、全国でもっとも高いことはしばしば報道されていますが、それらは世帯全体に占める低所得世帯の比率が突出して高いことに起因しています。沖縄と同様、財政的に中央政府に依存している他県でも、沖縄ほど深刻な貧困あるいは所得格差は観察されていません。その意味では沖縄に特有の貧困といえるかもしれません。ＤＶ、犯罪、非行、消費者金融の利用率、自動車任意保険の加入率など、貧困と相関関係の深い社会経済指標も、沖縄が全国最悪または最低の水準にあることを示しています。

この貧困状態は長期にわたって観察されますが、裏を返すと、沖縄振興予算などの補助金制度や税制上の優遇措置が、県民のあいだの所得分配に寄与していない可能性を示唆しています。この点についての詳細な研究はまだありませんし、官公庁や専門家による沖縄振興計画の総括や点検の際にも、ほとんど触れられていません。沖縄の貧困の実態を明るみに出す著作物・研究書などは出始めてはいますが、貧困を解消する方法についてはまだ模索している状態です。

政府は沖縄の子どもの貧困対策に10億円を拠出しましたが、その程度の資金で貧困が改善されるとは思えません。沖縄振興予算を抜本的に見直すなど、財政と経済全体に本格的なメスを入れない限り、沖縄経済は貧困という病を克服できません。

沖縄の所得水準が低位に留まり、貧困が解消されない理由のひとつは、労働生産性の低さにあると考えられます。この場合の労働生産性とは、都道府県別産業付加価値額を従業者数で除したものです。２０１３年度の労働生産性は、全国平均７６３万円、もっとも高い東京は１１００万円ですが、沖縄は６１０万円と全国最低の水準にあります。労働生産性の低いサービス業主体の産業構造が、長期にわたって沖縄経済の足枷となっていることは明白です。

表6　年間収入分位300万円未満でみた都道府県順位

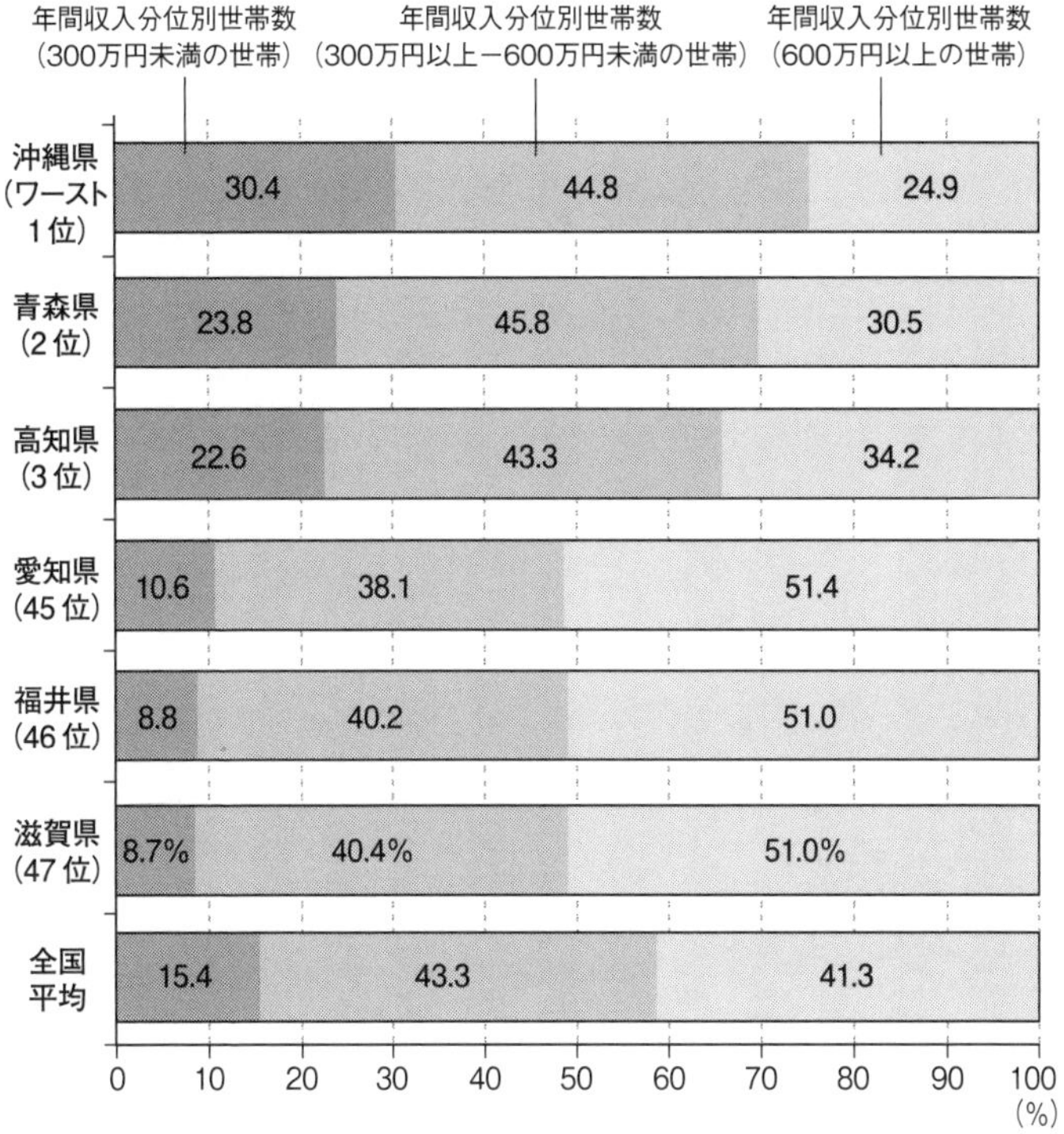

沖縄県は、観光業や付帯するサービス流通業の発展に期待していますが、観光業や流通業は労働生産性のもっとも低い産業分野です。こうした産業構造を変える努力も以前から続けられていますが、沖縄振興予算などの補助金や減税に依存した政策が多く、その効果は現れていません。

繰り返しになりますが、沖縄に対するこうした優遇策を抜本的に見直さない限り、産業振興も所得水準の改善も実現できないままに終わる可能性は高いでしょう。

補助金漬けの実態

(1) 補助金依存のオキナワワン・ロック

復帰以来12兆円にも上る沖縄振興予算が投入されても、沖縄の所得水準、貧困水準、労働生産性がなかなか改善されない理由の一つは、補助金の使途が、産業基盤や市場環境の改善に役立っていないからです。ひと言でいえば、補助金の無駄遣いです。

沖縄県には「一括交付金」という特別な補助金が国から配分されていることは、すでに触れました。一括交付金には通常の補助率は適用されず、多くの場合、自治体に自己負担はほとんど発生しません。つまり、実質的に事業費全体が補助される仕組みとなっています。

民間部門に対するこの種の補助金（助成金制度）は、市場による資源配分が十分に機能しない事業をサポートし、民間部門の発展を促進するための制度ですが、全額補助またはそれに等しい一括交付金制度の下では、自己負担（リスク）がほとんど発生しません。そのため運営が野放図になり、対象となる企業や産業の発展を促すどころか、阻害するおそれが高くなります。

かつて私たちは、国鉄など国営企業の赤字累積でそのことを十分学び、民営化によって事態を打開してきましたが、自治体の自立性を高めることを名目とした一括交付金制度は、「官公から民」への流れに逆行する仕組みになりかねない危険性があります。現に沖縄では、一括交付金が民による創意と努力の芽を摘み取り、たんなる税の無駄遣いに終わっている実例が見いだせます。以下ではその一括交付金の驚くべき無駄遣いの実例を取り上げたいと思います。

沖縄でビジネスに関わる新しいプロジェクトを起ち上げるとき、まずは「そのプロジェクトに対して補助金がもらえるかどうか」を検討することから入るといわれています。さまざまな補助金がある以上、それを活用しようとする気持ちは理解できますが、他地域では、最初から官公需を当てこんだ業界以外では珍しいことです。まして、役所と価値観を共有しにくい「ロック・ミュージック」を生業にしている人たちが、補助金申請の算段をしながら演奏するなどということは、想像もできません。

ところが、驚いたことに、沖縄では今やロックも補助金の対象になっています。補助金をあてにして演奏するバンドさえあります。１９６０年代から70年代にかけて、荒くれ米兵を相手に切磋琢磨して逞しく育ってきたはずの「オキナワン・ロック」は、情けないことに今や政府の補助金なくして生きられない体質になっているのです。

沖縄本島中部の基地の街・沖縄市には「コザ・ミュージックタウン」という施設があります。「音楽文化でまちづくりを」というかけ声の下、２００7年に鳴り物入りで開館しました。ホール、広場、スタジオ、各種店舗からなり、沖縄市の再開発事業の一環として新築された施設です。

ところが、「ミュージック」とは名ばかりで、ホールのブッキングの状況は惨憺たるもの。本格的な音楽イベントで埋まっているのは月に数日しかありません。こうした状況は、事前に予想できたはずですが、「とりあえず補助金をもらえるからハコモノをつくっておこう」という貧しい発想に、施設ができることで何らかの「利益」を享受できる一部の人たちが、うまく乗っかったということでしょう。

オキナワン・ロックのミュージシャンたちでつくる「沖縄県ロック協会」（1998年設立）も、「コザ・ミュージックタウン」の設置や運営に絡んでいました。そもそも補助金の受け皿となるような団体を作ること自体が「ロックの流儀」に反する気もしますが、沖縄では「当たり前」のことなのかもしれません。この団体は、公的資金や補助金が出るイベントやプロジェクトにあちこちで絡んでいます。音楽芸能関連の補助金があるところに沖縄県ロック協会あり、といったほうがいいかもしれません。「ロックと補助金」など、ありえない異様な取り合わせですが、沖縄ではそんなことが堂々とまかり通っているのです。

2012年度からは、事実上基地負担と引き換えに政府から交付されている「一括交付金」を使って、沖縄市では「ライブハウス活用事業」を始めています（2016年度までの5年間）。これがまた「起て、全国の納税者！」といいたくなるような、とんでもない事業です。

2012年度は3434万円、2013年度は4414万円の補助金が予算化されました。補助金受け入れ先は「一般社団法人コザライブハウス連絡協議会」。ライブハウス経営者が補助金受け入れのために集まってつくった団体です。加盟が確認されるライブハウスは23軒（当時）。うち2軒は老舗の民謡酒場ですが、ほとんどがロック系の新興ライブハウスです。

ライブハウス運営について補助金を支給するという仕組みになっていますが、予算額を加盟店23軒で単純に割ってみると、ライブハウス1軒あたりの助成額は12年度が１４９万円、13年度が１９２万円でした。補助金と引き換えに、店舗ごとにチャージ無料のライブを設定することになっており、12年度は計２７６本、13年度は計４１０本のライブが助成対象になりました。ホームページに告知を出さないライブハウスも多く、ライブ本数の申告にも疑義はありますが、13年度でいえば1ライブあたり10万程度が助成された計算です。出演アーティストには、客があろうがなかろうがギャラとして数万円を支払うことになっているとのことですが、実際にいくら支払われているかは不明です。

ライブハウスの集客数も公表されていますが、23軒の合計は12年度が８３１９人、13年度が1万２６１５人。集客の計算根拠ははっきりしませんが、13年度でいえば1ライブあたり平均31人の集客があったことになります。観客1人当たりの助成金を計算すると、12

年度が３４００円余、13年度が３３００円余となります。

人口13万人余りの沖縄市に23軒のライブハウスというのは、いかにも不釣り合いですが、たしかに沖縄市には歌手・ミュージシャンはたくさんいます。が、大部分はアマチュアのロック・ミュージシャンで、プロ（あるいはセミプロ）と呼べるアーティストは、甘めに見積もっても30組程度しかいないはずです。それなのに年間３００本～４００本もの無料ライブが補助金で運営されているとは、驚きを禁じえません。

ライブハウスに実際足を運べばわかることですが、そこそこ知名度のあるアーティストでも、有料なら10～20人集客すればいいほう。観客5名以下というのも珍しくありません。「無料だから30名も集客できた」といえるかもしれませんが、無料ライブがあるなら、有料ライブに足を運ぶ客はいなくなります。他方で、店の側は家賃相当の助成金を5年間にわたって受け取ることができますし、アーティストの側も客集めに苦労する有料ライブを打たなくとも済みます。

誰が考え出したのかは知りませんが、この制度は、店もアーティストも客もスポイルするだけに終わりそうです。「音楽振興」どころか、ロックを補助金漬けにするだけです。補助金という名の麻薬を与えつづける悪しき制度といってもいいと思います。こんな制度の下でミュージシャンや音楽が育つとはとても思えません。

音楽ビジネスに限らず、沖縄の産業は多かれ少なかれ同様の状態で、一握りのボスが役所（政治家・公務員）と結託して補助金を貪《むさぼ》ることが常態化しています。「補助金なんてもういらん」と本気で言い出さない限り、この状態は変わらず、米軍基地がなくなることもないでしょう。

（2）補助金で離島旅行

一括交付金の使途として、もう一つ驚くべき事例を取り上げておきたいと思います。それは、一般市民の離島旅行に対する助成金です。公金を一般市民の旅費に対する助成金として使う制度は全国あちこちに見られます。「地方創生」が政府のスローガンになってから、こうした制度はたちまち全国に普及しました。２０１６年に発生した熊本地震の折には、補助金を使った「九州ふっこう割」という旅行パッケージも売り出されています。こうした補助金の多くは、旅行者１人当たり数千円から上限で２万円程度の助成額となっています。

この流れを受けてか、沖縄では翁長市政下にあった那覇市が、一括交付金を使った「島たび助成事業」を２０１２年度に始めました（２０１４年度終了）。那覇市からフェリーが出ている渡嘉敷村・座間味村・粟国村・渡名喜村・久米島町の5町村いずれも離島）に那覇市民が旅行する場合、往復フェリー料金全額と宿泊費の一部（上限２５００円）を補助する制度です（応募者多数の場合は旅先ごとに抽選）。

たとえば、１家族４人（大人２人、小学生の子ども２人）で久米島に旅行すると、「フェリー往復大人５１３０円×２＋子ども２４３０円×２＋宿泊助成２５００円×４」となり、合計で２万５１２０円の助成金が受けられます。１泊２万円（４名）の宿泊施設に泊まったとすると、旅費総額は３万５１２０円ですから、助成率は約72％です。この家族は懐をあまり痛めずに旅行ができることになります。が、この制度の最大の問題点は助成率や助成額そのものではなく、その「目的」にあります。

通常の旅費補助制度は、当該自治体が流入する観光客を増やすために助成金を出しています。当該自治体の観光を振興するための助成金です。ところが那覇市は、市民が離島（他町村）に旅行する場合に助成金を出したのです。その名目は「那覇市民の離島観光、各島住民との交流を通じて、離島の魅力を多くの那覇市民が共有し、離島5町村と那覇市の共存共栄を図ることを目的とする」となっています。「交流促進」というテーマを悪いとはいませんが、離島に運航するフェリーは旅先の離島自治体が経営していますから、旅費の大半は他町村で消費されることになります。この助成金で旅行する那覇市民には、たしかに「旅の楽しみ」という便益がもたらされますが、那覇市に落ちるお金はありません。流入する観光客への助成金ではなく流出する観光客への助成金なのです。「離島との交流」という大義名分は立派ですが、「島たび助成事業」は実質的に那覇市民の旅行に国民の税金を使っただけの話です。

この制度を利用して、離島に旅行した那覇市民は、3年間でのべ1万2000人、直接的な旅費として使われた一括交付金の総額は約6000万円、企画会社・旅行社など企業への支払手数料や広報費として使われた経費がそれとほぼ同額ありますから、総額は1億円を超えます。財源を提供する本土の納税者は、この話を聞いて納得できるでしょうか。

那覇市の「島たび助成事業」は2014年度に終了しましたが、この事業にヒントを得た沖縄県は、2016年度から「島あっちい」という旅費助成制度を始めています。これは、沖縄本島在住者を対象に旅費8割を助成する離島観光・交流促進事業で、予算総額は年間1億8000万円、助成対象となるモニターツアー参加者は年間3000人を見込んでいます。助成対象となる旅行先は、石垣島、宮古島などの大きな離島も含む19離島（当初は16離島）。往復交通費・宿泊費のパッケージに各離島市町村が企画した交流イベントを組み込んだ「モニターツアー」に参加するかたちをとります（抽選が原則）。

那覇市の「島たび」が「たんなる旅費補助じゃないか」と批判されたことに配慮してか、地元住民とのさまざまな交流イベントを組み込んだところがミソですが、離島住民とグランドゴルフやゲートボールで交流などという、とってつけたようなプログラムもあります。「島あっちぃ」も「島たび」と同じく離島交流を目的に掲げていますが、県民の「県内観光振興」も目的になっています。市から県に範囲が広がったおかげで「県民観光の振興」という目的が追加できたのでしょう。そうした意味で「島あっちぃ」のほうが「島たび」より改善された助成制度ともいえますが、2017年度のプログラムによれば、10万円程度の「設定価格」である2泊3日の南大東島ツアーが3万円程度の自己負担で参加できることになっています。補助率は7割程度に抑えられていますが、そもそも10万円の設定価格はかなり高めです。

このツアーには全食事と交流事業が含まれていますから、その分高めになることはわかりますが、同じ旅程を個人旅行した場合、那覇から南大東島への往復航空券が往復割引で1人3万2600円、宿泊費が1人1泊5000円からですから、2泊3日の基本旅行代金は4万円台が相場です。食事代・イベント参加費を高めに見積もってもツアー代金は「7万円以下」というのが適正価格ですから、10万円の設定価格は少なくとも3割ほど高めの設定です。他の離島へのツアー料金も同様に3割〜4割割高ですから、「島あっちい」の料金体系には大いに疑義があります。

この事業の目的は、離島との交流や観光振興となっており、抽選による「モニターツアー」という形式をとってはいますが、「助成率7〜8割」は他の都道府県には類を見ない高率補助です。モニターツアーといっても、3年間継続して実施すれば、1万人近い本島在住の県民が離島を旅行することになりますから、一般県民に大きく門戸を開いている事業だともいえます。積算根拠となっているツアー設定価格も3〜4割割高です。年間総事業費1億8000万円が3年間継続すれば、5億円を超える一括交付金が使われることになります。このような税の使い方を国も認めたのですから、国も「共犯者」ですが、「沖縄県民は財政上優遇されていない」という沖縄県の公式見解は、足元からぐらつくことになります。

こうした公式見解と呼応するように政治家、識者、ジャーナリズムなどから発せられる、〈沖縄県民は過剰な基地負担を押しつけられているだけでなく、今も貧困に喘いでいる。

政府による財政的保障措置は当然だが、それも十分でない〉といったメッセージを、もはや額面通りに受け取るわけにはいきません。

沖縄は、「外連の島」なのです。

あとがき

本書では、「外連《けれん》」という表現まで用いて、厳しい沖縄批判を展開してきました。とくに前半部分では、普天間飛行場の辺野古移設をめぐる問題での、翁長雄志沖縄県知事の対応を批判の対象としました。

が、沖縄県民や翁長知事個人を槍玉に挙げることが目的ではありません。本文中でもしばしば指摘しましたが、私は「基地反対運動が沖縄振興予算を増やし、沖縄振興予算が基地反対運動を維持する」という認識の下、基地反対と沖縄振興予算のリンクを断たなければ、基地縮小は進展せず、沖縄の社会経済にとって明るい展望は開けない、との主張を持っています。基地と補助金のこうしたリンクは、公務員を中心とした沖縄の「エスタブリッシュメント」（支配的階層）と一部の政府機関によって支えられていることも問題視しました。寿命の尽きかけた本土の一部党派と陳腐な「革命思想」が、沖縄の現状につけこんで、組織や思想の延命を図ろうと画策していることも、事態を混乱させています。翁長知事の法廷戦術や「沖縄独立・沖縄の自己決定権」といった主張は、封建制の残滓《ざんし》を留めた沖縄の保守的体質を温存し、他者依存型の社会経済構造を維持するために演じられる大時代的な「外連」にすぎません。平たくいえば、「基地と補助金」の関係にどっぷり浸かった「勢力」が主導権を握り、沖縄の政治・経済・社会の驚くほど保守的な体質を守ろうとしているのが現状であり、まずはこうした現状を認め、そこから脱却する意思を明確に示さないかぎり、基地縮小は進まず、県民は豊かになれない、というのが私の主張です。こうした主張が、本書を通じて読者に十分伝わったかどうかわかりませんが、従来の沖縄観や沖縄論に一定の衝撃を与え、未来への展望を少しでも切り開くことができれば幸いです。

なお、本書の内容の一部は、月刊『Ｈａｎａｄａ』などに発表した雑誌論考をベースにしていますが、大幅に加筆・改編しているため、初出はとくに示していません。

最後に、本書の執筆にあたり、飛鳥新社の工藤博海氏に多大なるご尽力をいただいたこと、資料の収集と整理にあたり、批評ドットコム・永森千草の助力を得たことを付け加えておきます。

二〇一七年八月五日

篠原　章

【著者略歴】
篠原 章（しのはら　あきら）
1956年生まれ。大学教員を経て評論家。経済学博士。主著に『沖縄の不都合な真実』（大久保潤との共著、新潮新書）、『報道されない沖縄基地問題の真実』（宝島社）、『沖縄ナンクル読本』（下川裕治との共編著・講談社文庫）等。

篠原章 web site
「批評 .COM」
http://hi-hyou.com/

外連《けれん》の島・沖縄
基地と補助金のタブー

2017年9月7日　第1刷発行

著　者　篠原 章

発行者　土井尚道
発行所　株式会社　飛鳥新社
〒101-0003 東京都千代田区一ツ橋2-4-3　光文恒産ビル
電話（営業）03-3263-7770（編集）03-3263-7773
http://www.asukashinsha.co.jp

装　幀　大谷昌稔（大谷デザイン事務所）
作　図　ハッシイ
印刷・製本　中央精版印刷株式会社

ISBN 978-4-86410-557-6

編集担当　工藤博海